No, no tenemos otro planeta

Marcelo Ungarit

Published by Ediciones Doble A, 2025.

NO, NO TENEMOS OTRO PLANETA

First edition. August 19, 2025.

ISBN: 979-8231387588

Written by Marcelo Ungarit.

Tabla de Contenido

Introducción

Este libro nace de la preocupación. No de una preocupación abstracta o lejana, sino de una preocupación real, tangible y urgente. Es el resultado de mirar a nuestro alrededor y darnos cuenta de que algo no va bien. De ver cómo las estaciones ya no se comportan como antes, cómo el calor es cada vez más insoportable, cómo las lluvias llegan de golpe y se convierten en tormentas torrenciales, cómo los incendios arrasan cada año más hectáreas, y cómo las noticias sobre el deshielo, las sequías o la pérdida de especies se han vuelto cotidianas. Y, sin embargo, seguimos viviendo como si nada. Como si no pasara nada.

Este libro no es un manual técnico, ni una tesis científica, ni un tratado académico. Es un libro pensado para cualquiera que quiera entender qué está pasando con el planeta, por qué es tan grave, y qué podemos hacer. Porque ya no basta con saber que hay un problema. Necesitamos entenderlo, ponerle nombre, y enfrentarlo.

Vivimos en una época extraña. Nunca hemos tenido tanta información disponible, y sin embargo, nunca ha sido tan fácil desentenderse. El cambio climático ha sido explicado hasta la saciedad, pero también ha sido manipulado, negado, banalizado. Y lo peor de todo es que hemos interiorizado que esto es "normal", que "el verano siempre fue caluroso", que "siempre ha habido olas de calor", o que "la Tierra ya se ha calentado antes". Frases hechas que repiten tertulianos, políticos y vecinos como si fueran verdades, cuando en realidad solo reflejan una gran desinformación.

Este libro quiere desmontar esas frases y colocar los hechos encima de la mesa. Sin adornos, sin catastrofismos vacíos, pero también sin paños calientes. La situación es grave. Muy grave. Pero no es irreversible. Y ahí está la clave: aún podemos hacer algo. Todavía estamos a tiempo de evitar los peores escenarios. Pero solo si actuamos ya. No dentro de diez años. No cuando sea más cómodo. No cuando los gobiernos decidan ponerse de acuerdo. Ahora.

Lo escribo, además, con un enfoque muy concreto: el nuestro. Porque aunque el cambio climático es un fenómeno global, sus consecuencias no son iguales en todas partes. España, por su ubicación geográfica, su modelo económico y su vulnerabilidad estructural, es uno de los países europeos que más va a sufrir sus efectos. Lo estamos viendo ya en nuestros cultivos, en el acceso al agua, en los incendios forestales, en la subida del nivel del mar que amenaza a zonas costeras, en el aumento de enfermedades respiratorias durante las olas de calor.

Pero esto no es solo un libro sobre España. Porque no hay solución posible al cambio climático que se limite a una frontera. Por eso también abordaremos lo que está ocurriendo en otras partes del mundo, compararemos datos, y veremos cómo lo global afecta a lo local... y viceversa.

Otra razón para escribir este libro es la saturación. Llevamos décadas recibiendo mensajes sobre el cambio climático, pero muchos han sido contradictorios, técnicos, aburridos o culpabilizadores. Aquí no se trata de señalar con el dedo a quien no recicla, ni de dar lecciones de moral a nadie. Este libro no busca culpas individuales, sino comprensión colectiva. Porque si no entendemos bien lo que está pasando, no podremos cambiar nada. Y no se puede cambiar lo que no se comprende.

Por último, este libro pretende ser útil. No solo para entender lo que ocurre, sino para saber qué podemos hacer. Como ciudadanos, como votantes, como consumidores, como personas que vivimos en este planeta. Incluye datos, sí, pero también propuestas. Acciones pequeñas y grandes. Cambios individuales y colectivos. Porque todo suma. Y porque necesitamos que la suma sea lo más grande posible.

NO, NO TENEMOS OTRO PLANETA

Lo que está en juego es simple: el futuro. El futuro de nuestros hijos, de nuestros nietos, y también el nuestro. Porque el cambio climático no es una amenaza lejana. Ya está aquí. Lo estamos viviendo. Cada ola de calor que bate récords. Cada invierno con temperaturas extremas. Cada bosque que desaparece. Cada cosecha que se pierde. Cada glaciar que se derrite. Todo eso no son avisos: son consecuencias.

Durante años nos dijeron que había que actuar para "proteger a las futuras generaciones". Pero ya no se trata de ellas. Se trata de nosotros. De nuestra calidad de vida, de nuestra salud, de nuestra seguridad. Y cuanto más tardemos, más difícil y caro será todo. Porque el problema del cambio climático no es solo ambiental. Es social, económico, político. Afecta a la producción de alimentos, al suministro de agua, a la energía, a la vivienda, al empleo. Afecta a la estabilidad de países enteros, a los movimientos migratorios, a los conflictos armados.

En España, por ejemplo, ya se está debatiendo en algunas comunidades cómo reubicar zonas residenciales por el riesgo de inundaciones o por la erosión de la costa. Algunos cultivos tradicionales están desapareciendo. Hay pueblos que se quedan sin agua. Las compañías de seguros ya están dejando de cubrir zonas de alto riesgo por incendios o inundaciones. Y lo más grave es que todo esto se está acelerando.

A nivel mundial, los datos son igual de alarmantes. El Ártico se derrite a un ritmo que nunca se había visto. Groenlandia pierde hielo año tras año. El nivel del mar sube y amenaza a ciudades costeras en todos los continentes. Se están rompiendo récords de temperatura cada mes. Las zonas áridas se expanden, mientras otras se inundan sin control. Hay regiones que ya se están quedando sin cultivos viables. Y en muchos países, sobre todo en los más pobres, esto significa hambre, migración y muerte.

¿Y qué estamos haciendo? No lo suficiente. Los acuerdos internacionales se quedan cortos. Muchos gobiernos, incluso los que se dicen preocupados por el medio ambiente, siguen apostando por combustibles fósiles. Las grandes empresas siguen priorizando beneficios por encima del planeta. Y nosotros, como ciudadanos, a veces sentimos que no podemos hacer nada. Pero eso no es cierto.

Sí podemos hacer algo. De hecho, debemos hacerlo. Porque cada acción cuenta. Cada voto cuenta. Cada decisión de consumo, cada conversación, cada exigencia. No podemos delegar esta responsabilidad. No podemos esperar a que venga alguien a salvarnos. Porque nadie lo hará. Somos nosotros o nadie. Y cuanto más tardemos en actuar, más irreversible será el daño.

El cambio climático no es una amenaza difusa. Es una realidad que ya está afectando a millones de personas. Es un multiplicador de injusticias. Porque no todos sufrirán igual sus consecuencias. Los más pobres, los más vulnerables, los que viven en regiones sin recursos o con menos capacidad de adaptación, serán los más golpeados. Y eso también es una cuestión de ética, de justicia, de humanidad.

Urgencia no significa pánico. Significa responsabilidad. Significa actuar con decisión. Significa cambiar lo que se pueda cambiar ahora mismo, y presionar para que cambien las estructuras que nos han llevado hasta aquí. Significa dejar de mirar hacia otro lado. Porque, insisto: no, no nos queda otro planeta.

Este es el momento de la verdad. Si seguimos esperando, si seguimos relativizando, si seguimos negando lo evidente, el precio que pagaremos será incalculable. Pero si actuamos, si lo hacemos juntos, aún estamos a tiempo de evitar lo peor. No de salvar el planeta (el planeta seguirá aquí), sino de salvarnos a nosotros mismos.

Capítulo 1. ¿Qué es el cambio climático?

Antes de analizar consecuencias, responsabilidades o posibles soluciones, necesitamos empezar por el principio: entender qué es exactamente el cambio climático. No se trata de una moda ecológica ni de una exageración de los medios. Tampoco de algo que esté por venir, sino de un proceso que ya está en marcha y que tiene unas bases científicas sólidas.

A menudo se habla del cambio climático sin tener claro en qué consiste, y eso facilita la confusión, los bulos y el negacionismo. Para entenderlo, conviene empezar diferenciando entre *clima* y *tiempo*, comprender cómo funciona el *efecto invernadero*, qué gases están implicados, y qué es lo que llamamos *calentamiento global*. Solo así podremos tener una base clara para todo lo que viene después.

Diferencia entre clima y tiempo

Una de las confusiones más habituales cuando se habla de cambio climático es no distinguir entre *clima* y *tiempo*. Son dos cosas muy distintas, aunque a veces se utilicen como sinónimos.

El *tiempo* es lo que vivimos día a día: si llueve, hace sol, si hay viento o si suben las temperaturas una semana de agosto. Es cambiante, inmediato, local. Hoy puede llover en Madrid y hacer sol en Sevilla. Mañana puede nevar en León y hacer calor en Valencia. Eso es el tiempo.

El *clima*, en cambio, es el promedio de esos comportamientos atmosféricos durante largos periodos (habitualmente 30 años o más). El clima define patrones generales: que en Canarias el clima sea templado todo el año, o que en Galicia llueva mucho, o que en Castilla-La Mancha haya veranos muy calurosos y secos. No se trata de un día concreto, sino de cómo se comporta el conjunto de estaciones y años.

Esta diferencia es clave para entender el cambio climático. Porque que un invierno venga más frío no significa que el planeta no se esté calentando. Lo importante no es lo que ocurre un día, sino lo que pasa durante décadas. Si durante 30 años seguidos los inviernos son cada vez menos fríos, o si los veranos cada vez baten más récords de calor, eso ya no es una casualidad ni una excepción: es un cambio climático.

También hay que entender que el cambio climático no implica que deje de haber variaciones. Seguirá haciendo frío en invierno y calor en verano. Pero los extremos serán más frecuentes y más intensos. Por eso se habla de *eventos climáticos extremos* como parte del problema: olas de calor brutales, lluvias torrenciales, sequías prolongadas, inviernos con nevadas fuera de lo común... Todo eso no es contradictorio con el calentamiento global: es una consecuencia de un sistema climático que está perdiendo estabilidad.

Efecto invernadero y gases implicados

El siguiente concepto fundamental es el *efecto invernadero*. A pesar de que suene negativo, en realidad es un fenómeno natural y necesario. Sin él, la Tierra sería un lugar demasiado frío para la vida tal y como la conocemos.

El efecto invernadero funciona así: el Sol emite radiación que llega a la Tierra. Parte de esa energía es absorbida por la superficie y parte es reflejada de vuelta al espacio. Pero una porción de esa energía reflejada queda atrapada por ciertos gases en la atmósfera que actúan como una manta térmica. Esa "manta" retiene el calor y permite que la temperatura media del planeta sea de unos 15 grados. Sin ese efecto natural, estaríamos a unos 18 grados bajo cero.

El problema es que, desde la Revolución Industrial, esa "manta" se ha vuelto mucho más gruesa. Hemos incrementado de forma masiva la emisión de *gases de efecto invernadero* (GEI), y eso ha desequilibrado el sistema. Cuanto más calor queda atrapado, más sube la temperatura media del planeta.

Los principales gases de efecto invernadero son:

- **Dióxido de carbono (CO_2):** Es el más conocido y el que más emitimos. Proviene sobre todo de la quema de combustibles fósiles (carbón, petróleo, gas) para obtener energía, mover vehículos o alimentar fábricas. También se libera al talar bosques, ya que los árboles almacenan carbono.
- **Metano (CH_4):** Es hasta 80 veces más potente que el CO_2 a corto plazo, aunque menos abundante. Se genera en la ganadería (especialmente en el sistema digestivo del ganado), en los vertederos y en la extracción de gas y petróleo.
- **Óxidos de nitrógeno (NOx):** Se liberan por el uso de fertilizantes en la agricultura intensiva y también por la combustión de combustibles fósiles.
- **Vapor de agua:** También es un gas de efecto invernadero, aunque su presencia está más regulada por otros procesos naturales. No lo generamos directamente, pero su concentración aumenta a medida que sube la temperatura.
- **Gases industriales (CFC, HFC, etc.):** Se usan en sistemas de refrigeración, aire acondicionado y ciertos procesos industriales. Tienen un enorme poder de calentamiento aunque su presencia es menor.

Estos gases permanecen en la atmósfera durante décadas o incluso siglos. Por eso, aunque mañana dejáramos de emitirlos, el planeta seguiría calentándose un tiempo. Pero cuanto antes dejemos de incrementarlos, menos grave será el problema.

Qué es el calentamiento global

Cuando hablamos de *calentamiento global* nos referimos al aumento sostenido de la temperatura media del planeta como consecuencia del exceso de gases de efecto invernadero en la atmósfera.

Desde mediados del siglo XIX, la temperatura media mundial ha subido ya más de 1,1 °C. Puede parecer poco, pero ese "poco" ha sido suficiente para alterar sistemas enteros. Y si superamos los 1,5 °C (umbral que muchos científicos consideran crítico), el riesgo de impactos irreversibles se dispara.

El calentamiento global no significa que todo el planeta se caliente igual ni al mismo ritmo. Algunas zonas se calientan mucho más rápido (por ejemplo, el Ártico), mientras que otras se ven más afectadas por otros fenómenos: lluvias extremas, sequías, vientos intensos, etc.

Además, el calentamiento global afecta a muchos aspectos interconectados:

- **Los océanos absorben más calor**, lo que altera las corrientes marinas y el clima global.
- **El deshielo de los polos y glaciares** eleva el nivel del mar y cambia el equilibrio térmico.
- **La evaporación del agua** aumenta, afectando a los cultivos y reduciendo las reservas hídricas.
- **El calor extremo** provoca más incendios, enfermedades respiratorias, estrés hídrico y pérdida de biodiversidad.

En las últimas décadas, muchos científicos han comenzado a hablar del Antropoceno como una nueva época geológica. Este término hace referencia a la idea de que la actividad humana ha llegado a tener un impacto tan profundo sobre el planeta —en la atmósfera, en los océanos, en los ecosistemas, en la biodiversidad e incluso en la composición del suelo— que ha alterado de forma irreversible los equilibrios naturales. Es decir, el ser humano se ha convertido en una fuerza geológica capaz de transformar el planeta al mismo nivel que una glaciación o una erupción volcánica masiva. Vivimos en una era en la que nuestras decisiones individuales y colectivas modelan el futuro de la Tierra. Reconocer esto no es solo un diagnóstico científico, sino una llamada urgente a la responsabilidad.

En resumen, el calentamiento global no es solo una cifra abstracta en un gráfico. Es un fenómeno que está transformando nuestro mundo y que tiene consecuencias reales en nuestra vida diaria.

Capítulo 2. Evidencias científicas del cambio climático

El cambio climático no es una opinión. No es una creencia, una moda o una predicción vaga sobre lo que podría pasar dentro de cien años. Es un fenómeno real, documentado, medido y respaldado por una abrumadora mayoría de la comunidad científica internacional. Las evidencias están ahí, acumulándose desde hace décadas en informes, datos, gráficas y observaciones de campo.

En este capítulo vamos a recorrer esas pruebas. Veremos cómo se ha calentado la Tierra, qué ha pasado con los polos y los glaciares, cómo ha subido el nivel del mar y qué tipo de fenómenos extremos se han vuelto más frecuentes e intensos. También analizaremos cambios menos espectaculares pero igual de preocupantes: alteraciones en las estaciones, en los patrones de lluvias y en la distribución de climas.

No hace falta ser experto en física o meteorología para entenderlo. Solo hay que estar dispuesto a mirar los datos con honestidad.

Subida global de temperaturas

La señal más clara de que algo está cambiando es el aumento generalizado de la temperatura media del planeta. Desde finales del siglo XIX, la temperatura global ha subido más de 1,1 °C. Puede parecer poco, pero el sistema climático es extremadamente sensible, y ese grado de diferencia ha bastado para desestabilizar todo el equilibrio planetario.

Este aumento no ha sido uniforme. Los últimos ocho años han sido los más cálidos desde que se tienen registros. Y si miramos la tendencia, la velocidad del calentamiento se ha acelerado en las últimas décadas. Según la NASA y el IPCC (Panel Intergubernamental de Expertos sobre el Cambio Climático), si seguimos con el nivel actual de emisiones, superaremos los 1,5 °C en muy pocos años.

El calentamiento no se reparte igual en todas partes. Algunas regiones del mundo, como el Ártico, se están calentando hasta cuatro veces más rápido que la media mundial. Esto tiene efectos en cadena, como el deshielo del permafrost o la alteración de corrientes oceánicas.

Los datos no vienen de una sola fuente. Están recogidos por miles de estaciones meteorológicas, satélites, boyas oceánicas y observatorios climáticos. Y todas apuntan a la misma conclusión: el planeta se está calentando, y la causa principal es la actividad humana.

En España, el aumento también es evidente. Según AEMET, la temperatura media ha subido casi 1,7 °C desde 1960, más que la media global. Las olas de calor son más largas, más intensas y más frecuentes. Ya no es una cuestión de percepción: está medido, registrado y contrastado.

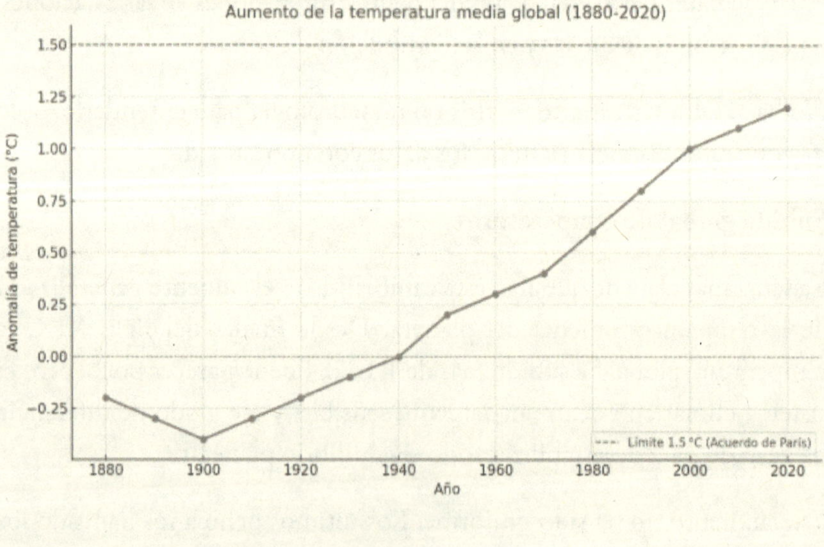

Derretimiento de polos y glaciares

Otro indicador irrefutable del cambio climático es el retroceso del hielo en todo el planeta. En las últimas décadas, el Ártico ha perdido millones de kilómetros cuadrados de hielo marino. El mínimo anual de hielo (que se alcanza en septiembre) es cada vez más bajo. Y lo más grave: no solo se pierde superficie, sino también espesor. El hielo antiguo, más resistente, está desapareciendo.

Groenlandia, la segunda mayor reserva de hielo del planeta, también está perdiendo masa de forma acelerada. Solo en la última década ha perdido casi 4.000 millones de toneladas de hielo al año. Ese hielo, al fundirse, va directamente al océano, contribuyendo a la subida del nivel del mar.

La Antártida, aunque más estable durante años, también está mostrando signos de inestabilidad. La península antártica se ha calentado de forma notable y varios glaciares clave están colapsando, como el glaciar Thwaites, apodado "el glaciar del juicio final" por su impacto potencial.

Fuera de los polos, los glaciares de montaña están desapareciendo. En los Alpes, el Himalaya, los Andes o los Pirineos, el retroceso glaciar es imparable. En algunos casos, glaciares enteros han desaparecido en pocas décadas. El glaciar de la Maladeta, en el Pirineo aragonés, está en proceso de extinción. En Perú, donde muchas comunidades dependen del deshielo para obtener agua, la situación es crítica.

Además, este derretimiento tiene efectos circulares. El hielo refleja los rayos solares (efecto albedo). Cuando desaparece, el suelo u océano debajo absorbe más calor, acelerando el calentamiento. Es un círculo vicioso que ya está fuera de control en algunas regiones.

Subida del nivel del mar

Uno de los efectos más peligrosos del cambio climático es la subida del nivel del mar. Este fenómeno se debe principalmente a dos factores: la fusión de los hielos y la expansión térmica del agua (cuando se calienta, ocupa más volumen).

Desde 1900, el nivel del mar ha subido unos 20 centímetros. Pero lo preocupante no es solo la cifra, sino la aceleración. Solo entre 2006 y 2018, la subida fue de 3,7 mm al año, el doble que en los años anteriores. Y si no se frena el calentamiento, se estima que podríamos alcanzar entre 60 y 100 cm adicionales a finales de siglo.

Esta subida ya está afectando a millones de personas. En muchas zonas costeras del mundo, las mareas altas son más destructivas, y las tormentas, más peligrosas. Ciudades como Yakarta, Miami o Venecia están viendo cómo el agua avanza cada año.

En España, el Ministerio para la Transición Ecológica estima que zonas como el Delta del Ebro, Doñana o parte del litoral andaluz y valenciano están en alto riesgo de ser invadidas por el mar en las próximas décadas. Además, la erosión costera y la intrusión salina en acuíferos son ya un problema real.

Y esto solo es el principio. Si colapsan grandes masas de hielo como Groenlandia o la Antártida Occidental, el aumento podría ser de varios metros. Eso pondría en jaque a grandes ciudades costeras y provocaría migraciones masivas.

Eventos extremos: olas de calor, sequías, inundaciones, tormentas

El cambio climático también se manifiesta en la frecuencia e intensidad de los fenómenos meteorológicos extremos. No es que antes no hubiera olas de calor o lluvias torrenciales. Es que ahora son más intensas, más frecuentes y más imprevisibles.

Las olas de calor son el ejemplo más evidente. En 2022, Europa vivió una de las más intensas de su historia, con récords de temperatura en numerosos países. En España, se superaron los 45 °C en muchas zonas. Estas olas no solo afectan al confort: provocan miles de muertes prematuras, sobre todo entre mayores y personas con enfermedades respiratorias o cardiovasculares.

Las sequías se han hecho más frecuentes y severas. Zonas que antes tenían lluvias regulares están sufriendo largos periodos de escasez hídrica. En España, los embalses están cada vez más bajos. Esto tiene efectos devastadores sobre la agricultura, la ganadería, la biodiversidad y el suministro humano de agua.

Las lluvias extremas y las inundaciones son la otra cara de la moneda. Cuando llueve, lo hace de forma más torrencial. El suelo no puede absorber el agua a tiempo, y se producen riadas, deslizamientos y daños en infraestructuras. En Alemania, Bélgica o China, las inundaciones recientes han causado centenares de muertes y miles de millones en daños.

Las tormentas tropicales y huracanes también se han intensificado. No necesariamente en número, pero sí en intensidad. Más humedad y temperaturas más altas en el mar alimentan ciclones más destructivos.

Estos eventos no son anecdóticos. Son una señal clara de un clima desestabilizado.

Cambios estacionales y climáticos inusuales

Otro signo del cambio climático, menos espectacular pero igual de preocupante, son las alteraciones en las estaciones y los patrones climáticos habituales.

Los inviernos son cada vez más cortos y menos fríos en muchas regiones. En otras, sin embargo, se dan episodios de frío extremo y nieves fuera de lo común. Esto se debe a que el calentamiento global está alterando la corriente en chorro (jet stream), lo que puede provocar fenómenos atípicos, como la ola de frío en Texas de 2021.

Las primaveras llegan antes, los árboles florecen antes de tiempo, y esto afecta a los ciclos agrícolas y a las especies migratorias. Las aves llegan a sus destinos cuando ya no hay alimento, y los insectos polinizadores no encuentran flores disponibles.

Los veranos se alargan. Cada vez comienzan antes y se extienden hasta octubre en muchos casos. Esto no solo aumenta el consumo energético (por el aire acondicionado), sino que incrementa el riesgo de incendios y la pérdida de cultivos.

Los otoños se desdibujan. Ya no hay estaciones bien marcadas. Esto desorienta a los ecosistemas, a la fauna, y también a la agricultura.

Además, hay zonas donde el clima está cambiando completamente. En el sur de Europa, el clima mediterráneo está dejando paso a condiciones casi semiáridas. En otros lugares, se están registrando patrones propios de zonas tropicales.

Este desajuste estacional tiene consecuencias económicas, ecológicas y sociales. Afecta al turismo, a las cosechas, al comportamiento animal, a la gestión del agua y a la salud pública.

Capítulo 3. Impacto global: ¿cómo está afectando al planeta?

El cambio climático no es una amenaza abstracta ni un problema para el futuro. Es una realidad que ya está golpeando al planeta, en todos sus rincones y a diferentes niveles. Lo que antes eran predicciones hoy son hechos. Y esos hechos no solo se expresan en temperaturas más altas, sino en consecuencias directas para el medio ambiente, la salud, los ecosistemas, la economía y las sociedades humanas.

Este capítulo recorre algunos de los impactos más claros y graves que ya estamos viviendo: incendios forestales cada vez más incontrolables, procesos de desertificación que avanzan año tras año, movimientos migratorios empujados por condiciones climáticas extremas, pérdida acelerada de biodiversidad y consecuencias directas para nuestra salud. No es una lista exhaustiva, pero sí una muestra clara de hasta qué punto el cambio climático está alterando el equilibrio del planeta.

Incendios forestales

Uno de los efectos más devastadores y visibles del cambio climático es el aumento de los incendios forestales. No solo son más frecuentes, sino también más grandes, más rápidos y más difíciles de controlar. Los incendios han pasado de ser fenómenos estacionales a convertirse en crisis permanentes en muchas partes del mundo.

El calor extremo, la sequía prolongada, la baja humedad y los vientos fuertes crean las condiciones perfectas para que los bosques ardan con facilidad. A esto se suma la acumulación de material seco en el suelo y, en muchos casos, una gestión forestal deficiente. El resultado es una tormenta perfecta.

En las últimas décadas hemos visto incendios históricos en lugares donde antes eran poco comunes: Canadá, Siberia, Grecia, Australia, Chile, California, Portugal... En 2023, Canadá registró la peor temporada de incendios de su historia, con más de 17 millones de hectáreas calcinadas. En Australia, el verano negro de 2019-2020 arrasó más de 10 millones de hectáreas y mató a más de mil millones de animales.

España no es una excepción. Cada verano, los incendios afectan a miles de hectáreas, y cada vez con más intensidad. El verano de 2022 fue especialmente duro, con más de 300.000 hectáreas quemadas. Regiones como Castilla y León, Galicia o Andalucía se enfrentan cada año a una temporada de incendios más larga y más peligrosa.

Las consecuencias no son solo ecológicas. Los incendios liberan enormes cantidades de CO_2, lo que a su vez alimenta el calentamiento global. También afectan directamente a la salud humana: el humo contiene partículas finas que se cuelan en los pulmones y pueden provocar problemas respiratorios graves, incluso a cientos de kilómetros del fuego.

Además, los incendios arrasan viviendas, cultivos, carreteras y ponen en riesgo vidas humanas. La recuperación de un ecosistema quemado puede tardar décadas, y en algunos casos, si el cambio climático sigue avanzando, puede que nunca se recupere del todo.

Desertificación

La desertificación es otro de los grandes dramas silenciosos del cambio climático. No se trata solo de la expansión de los desiertos, sino del proceso por el cual tierras fértiles pierden progresivamente su capacidad de producir vida, ya sea por sequías, deforestación, malas prácticas agrícolas o, directamente, por el calentamiento global.

Según la ONU, más del 40 % de la superficie terrestre ya está degradada, y más de 3.000 millones de personas viven en zonas afectadas por la desertificación. Si no se toman medidas, este proceso podría convertir en inhabitables grandes regiones del planeta.

En África, el Sahel avanza hacia el sur. En Asia Central, vastas regiones están perdiendo su cobertura vegetal. En América del Sur, zonas del Chaco argentino y del nordeste brasileño se están secando rápidamente. Y en el Mediterráneo, España es uno de los países más amenazados.

En nuestro país, casi el 75 % del territorio está en riesgo de desertificación, especialmente el sureste peninsular, donde las precipitaciones han caído en picado y las temperaturas siguen subiendo. Comunidades como Murcia, Almería o Alicante ya presentan síntomas claros: suelos erosionados, pérdida de vegetación, reducción de cultivos y necesidad creciente de agua para mantener la productividad agrícola.

La desertificación reduce la capacidad del suelo para almacenar agua, impide el crecimiento de plantas, acelera la erosión y facilita los incendios. Además, tiene un impacto económico brutal: afecta a la agricultura, al turismo rural, a la ganadería y a los ecosistemas.

Y no se trata solo de falta de lluvias. También influye el uso excesivo de fertilizantes, el monocultivo, la sobreexplotación de acuíferos y la falta de políticas sostenibles de uso del suelo. Es decir, es un problema climático, pero también político y social.

Migraciones climáticas

Cuando el entorno en el que vives deja de ser habitable, no queda otra que marcharse. Las migraciones climáticas son una consecuencia directa del cambio climático y una de las crisis humanitarias más importantes del siglo XXI.

Millones de personas en todo el mundo se están viendo obligadas a abandonar sus hogares por culpa de sequías, inundaciones, huracanes, subida del nivel del mar, pérdida de tierras cultivables o incendios. No son migrantes económicos ni refugiados de guerra: son desplazados climáticos.

En 2022, más de 32 millones de personas se desplazaron dentro de sus países por causas climáticas, según el Internal Displacement Monitoring Centre. Y estas cifras van en aumento. Se estima que para 2050 podría haber entre 200 y 1.000 millones de desplazados por motivos climáticos, dependiendo del grado de calentamiento que alcancemos.

Bangladés es uno de los casos más dramáticos: cientos de miles de personas ya han tenido que abandonar zonas costeras por la subida del mar. En el África subsahariana, la desertificación y las sequías empujan a poblaciones enteras hacia otras regiones, generando tensiones y conflictos por los recursos. En Centroamérica, el llamado "Corredor Seco" ha empobrecido a millones de familias rurales que ya no pueden cultivar.

Pero este no es un problema solo del sur global. En Estados Unidos, miles de personas han sido desplazadas por huracanes como Katrina, Harvey o Ian. En Europa, regiones enteras podrían ser inhabitables por la sequía o por el calor extremo si no se revierte la situación.

El problema es que el derecho internacional no reconoce aún la figura del refugiado climático. Las personas que huyen por motivos ambientales no tienen protección legal clara, lo que agrava su situación y deja a millones en un limbo jurídico.

Además, estos movimientos pueden tener consecuencias geopolíticas importantes. El aumento de población en zonas receptoras puede generar tensiones sociales, racismo, xenofobia o conflictos por los recursos, especialmente si no hay políticas adecuadas de acogida e integración.

Pérdida de biodiversidad

NO, NO TENEMOS OTRO PLANETA

El cambio climático está acelerando la pérdida de biodiversidad a un ritmo que los científicos califican de "sexta extinción masiva". Miles de especies animales y vegetales están desapareciendo, no solo por la destrucción directa de su hábitat, sino porque el clima cambia tan rápido que no les da tiempo a adaptarse. Se estima que más de un millón de especies podrían desaparecer en las próximas décadas si no se toman medidas urgentes. Ya se ha perdido, por ejemplo, más del 80 % de la biomasa de los mamíferos sálvajes del planeta, y gran parte de los ecosistemas que antes eran refugio de vida ahora se están degradando a una velocidad alarmante.

Algunos ecosistemas enteros están al borde del colapso. Los arrecifes de coral, por ejemplo, están sufriendo un proceso de blanqueamiento por el aumento de la temperatura del mar. Ya se ha perdido más del 50 % de los corales del mundo, y si la temperatura sube más de 1,5 °C, podrían desaparecer casi por completo. Solo en los últimos años, eventos de calor marino han arrasado zonas enteras del Caribe, del Pacífico y de la Gran Barrera de Coral. En algunas regiones, más del 80 % de los corales han muerto. Con ellos desaparecen también los peces, los invertebrados, los moluscos... y se hunde toda una red de vida marina que millones de personas necesitan para alimentarse.

Los insectos polinizadores, esenciales para la agricultura y los ecosistemas, también están en declive. La combinación de pesticidas, cambio climático y pérdida de hábitats ha reducido drásticamente sus poblaciones. Se calcula que más del 75 % de los cultivos que consumimos dependen de ellos en alguna medida, y su ausencia ya empieza a notarse. En algunas zonas agrícolas, la falta de abejas y otros polinizadores ha obligado a realizar la polinización a mano o ha provocado pérdidas de producción. Esto no es un aviso, es una consecuencia que ya estamos pagando.

Muchos animales migratorios ya no encuentran alimento porque los ciclos estacionales están desajustados. Las aves llegan antes o después de lo que deberían, y cuando lo hacen, las flores ya han marchitado, los insectos ya no están, o el clima no es el adecuado. Otros animales no pueden adaptarse al cambio de temperatura y se ven desplazados o simplemente mueren. En muchas regiones, especies que antes eran comunes están desapareciendo sin hacer ruido, como si se apagaran lentamente.

Además, la pérdida de biodiversidad reduce la capacidad de los ecosistemas para regular el clima, purificar el aire y el agua, y mantener el equilibrio natural. La desaparición de especies clave rompe cadenas tróficas completas. Los suelos se empobrecen, los bosques pierden resistencia a las plagas, las aguas se vuelven más turbias, los ríos más vulnerables. Y esto no es un problema solo para los animales: es un problema para nosotros. Nuestra supervivencia depende de la salud del planeta. Sin biodiversidad, el sistema entero se tambalea. Y ese sistema incluye nuestra comida, nuestra salud, nuestro bienestar y nuestra posibilidad de futuro.

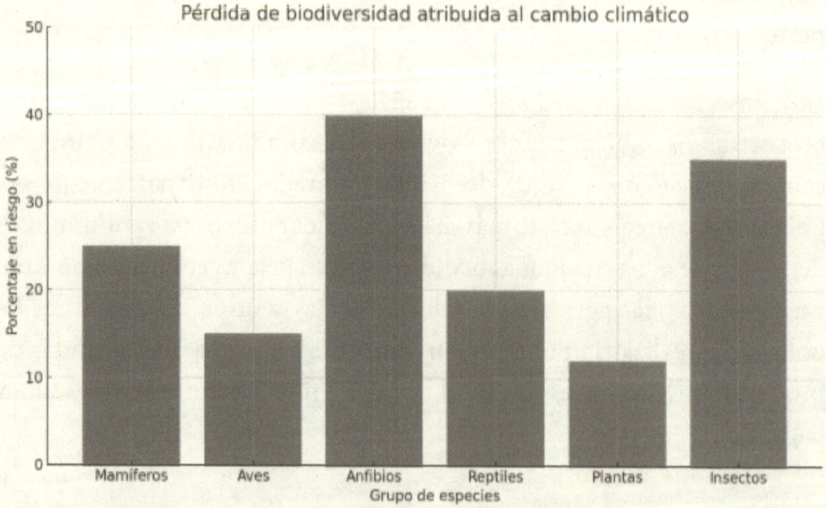

Riesgos para la salud humana

El cambio climático no solo amenaza los ecosistemas o la economía. También nos afecta directamente a nosotros, a nuestra salud, a nuestros cuerpos y a nuestras mentes. No es una amenaza lejana. Es algo que ya se está cobrando vidas.

Las olas de calor, por ejemplo, ya no son fenómenos excepcionales. En Europa, el verano de 2022 dejó una cifra estremecedora: más de 60.000 muertes atribuibles al calor extremo. Solo en España se registraron más de 11.000 fallecimientos, especialmente entre personas mayores, bebés y quienes padecen enfermedades previas. Y lo más grave es que más de la mitad de esas muertes —alrededor del 56 %— no habrían ocurrido sin el calentamiento global provocado por la actividad humana. No son cifras abstractas. Son personas reales, familias rotas, vidas truncadas por una amenaza que algunos siguen tratando como si fuera una exageración ecologista.

Y la tendencia no mejora. En 2023, se repitió el escenario: casi 48.000 muertes por calor en Europa. A finales de ese mismo año, un episodio tardío de calor extremo se cobró la vida de más de 2.000 personas en apenas unas semanas. Lo más duro de asumir es que el 65 % de esas muertes se consideran consecuencia directa del cambio climático. No hablamos de olas de calor "normales", sino de un fenómeno que ha dejado de respetar estaciones y que irrumpe con más fuerza cada año.

A todo esto hay que sumarle el deterioro de la calidad del aire. El aumento de incendios forestales, sobre todo en verano, dispara la concentración de partículas en suspensión, ozono troposférico y otros contaminantes. Vivimos en un aire cada vez más sucio, que entra en nuestros pulmones y agrava enfermedades respiratorias y cardiovasculares. Los picos de asma, bronquitis y ataques al corazón aumentan durante los días de calor extremo. Para quienes ya viven con problemas respiratorios, como personas con EPOC o niños con alergias, el aire se convierte literalmente en un enemigo invisible.

Otro frente preocupante es el de las enfermedades transmitidas por insectos. El mosquito tigre, por ejemplo, se ha convertido en una amenaza real en España y en otros países del sur de Europa. Este insecto, antes limitado a climas tropicales, ha expandido su hábitat gracias al aumento de temperaturas. Ya no es raro oír hablar de casos de dengue o chikungunya adquiridos dentro de nuestras fronteras. De hecho, en 2025 se confirmó un caso autóctono de chikungunya en Hendaia, muy cerca de la frontera con Euskadi, lo que llevó a activar protocolos de emergencia en varios municipios del norte.

Ante esta situación, España ha comenzado incluso a experimentar con técnicas de control biológico, como la esterilización masiva de machos de mosquito, una medida que puede parecer de ciencia ficción, pero que refleja hasta qué punto la expansión de enfermedades tropicales en Europa ya no es un escenario futuro, sino una realidad presente.

El calor también altera la calidad del agua y los alimentos. Las temperaturas más altas favorecen la proliferación de bacterias y algas nocivas, lo que incrementa los casos de gastroenteritis, intoxicaciones y enfermedades infecciosas. En zonas donde la infraestructura hídrica es débil o está mal mantenida, los brotes pueden extenderse con rapidez. En otras palabras: el calor no solo mata directamente, también debilita las condiciones de salubridad más básicas.

Y como si todo esto no fuera suficiente, el cambio climático también tiene un impacto cada vez más evidente sobre la salud mental. Las sequías, los incendios, las inundaciones o los desplazamientos forzados no solo arrasan con casas y cosechas. También rompen el equilibrio emocional de las personas. Cada vez más estudios alertan del aumento de la ansiedad, la depresión y el estrés postraumático ligados a eventos climáticos extremos. Y entre los más jóvenes, emerge un fenómeno cada

vez más común: la "ecoansiedad". Una sensación de angustia, culpa y desesperanza ante la percepción de que el mundo que heredarán está siendo destruido sin remedio y sin que nadie haga nada serio para evitarlo.

Esto no es una exageración. Es un retrato cada vez más documentado por instituciones científicas, medios rigurosos y organismos internacionales. El cambio climático ha dejado de ser un problema ambiental para convertirse, también, en una emergencia sanitaria global.

Por eso urge actuar. No solo para proteger los bosques o los glaciares, sino también para protegernos a nosotros mismos. Porque no hay sistema de salud capaz de sostenerse si el clima se desborda. No hay medicina que compense los efectos de un aire irrespirable, de un calor insoportable o de una crisis ecológica que se traduce, cada vez con más fuerza, en sufrimiento humano.

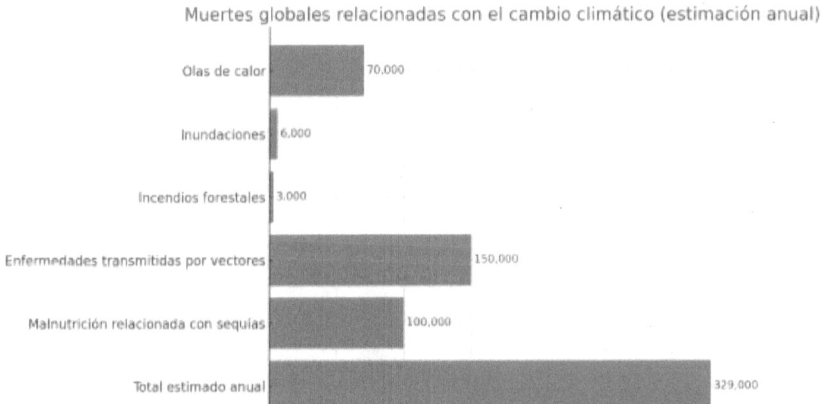

Capítulo 4. El caso de España

Este capítulo enfoca el cambio climático desde nuestra realidad: lo que está ocurriendo aquí y ahora. Hablaremos del aumento de temperaturas por zonas, las sequías y la escasez de agua, los incendios y la despoblación rural, la crisis en agricultura y ganadería, y los riesgos para las zonas costeras. Cada apartado incluye ejemplos concretos que muestran cómo esos fenómenos no son abstractos: están afectando la vida cotidiana en distintas regiones de España.

Aumento de temperaturas por zonas

España está viviendo un ascenso de temperaturas sin precedentes, que se muestra de forma desigual según la zona. Entre 1961 y 2024 la temperatura media anual se ha incrementado en unos 1,69 °C —más que la media global—, y 2024 fue ya uno de los años más cálidos desde que se tienen registros. Diez provincias ya han batido su récord histórico en 2025, y otras seis se ubican como el segundo año más cálido registrado. El año 2025 ha sido el más caluroso en muchos territorios, especialmente en el interior peninsular y en Murcia, que ha registrado un incremento de la temperatura media de dos grados en solo cinco años, convirtiéndose en el símbolo de la emergencia climática urbana.

Por ejemplo, durante junio de 2025, la temperatura media en toda España peninsular fue de 23,7 °C, lo que supuso 3,6 °C por encima de la media histórica (periodo de referencia 1991-2020), constituyendo el junio más cálido desde 1961. En ciudades como Ontinyent (Valencia) se registraron 31 noches tropicales consecutivas, es decir, en las que la temperatura nocturna no bajó de los 20 °C, algo hasta ahora inédito. El problema no pasa solo por el calor diurno: las noches tórridas sin descanso agravan el estrés térmico, especialmente en edificios mal aislados.

La AEMET habla incluso de las "dos Españas térmicas": mientras el extremo norte y Baleares experimentan temperaturas 7 a 10 °C por debajo de lo habitual, regiones como el sur de Galicia, el centro peninsular y Canarias sufren entre 4 y 7 °C por encima de lo normal. Eso significa que el mismo país sufre al mismo tiempo climas extremos opuestos, complicando la gestión del impacto climático.

Sequías y escasez de agua

España ha vivido varios años de sequía estructural, especialmente entre 2021 y 2023. Aunque en 2025 las lluvias han aliviado parcialmente la situación, no se puede descuidar: la sequía sigue siendo profunda en muchas cuencas, con reservas embalsadas aún por debajo del 60 % en varias regiones. La persistencia de sequías meteorológicas y estructurales ha reducido los caudales fluviales, deprimido los acuíferos y afectado a zonas agrícolas y rurales.

En el sur de España, especialmente en la Axarquía (Málaga), los cultivos subtropicales (aguacate, mango) han contribuido a una crisis hídrica grave: los embalses han quedado prácticamente vacíos y el nivel freático de los acuíferos ha caído tanto que hay intrusión salina en puntos costeros. Esto ha provocado pérdidas de cosecha a corto plazo y amenazas más estructurales sobre la viabilidad económica de la región.

En cuanto a la agricultura, se estima que en 2022 y 2023 los rendimientos del trigo y la cebada se redujeron entre el 20 % y 30 %, y las del olivo al menos en un 10 %, directamente por la falta de agua. Estas pérdidas no solo afectan al agricultor, sino a la producción nacional y la seguridad alimentaria.

Incendios y despoblación rural

Con el aumento de temperaturas y la prolongación del verano, los incendios forestales se han vuelto más frecuentes y devastadores. En el verano de 2025, el gran incendio de Torrefeta (Lleida), impulsado por vientos de hasta 125 km/h y condiciones de fuego de sexta generación, calcinó 5.577 hectáreas y dejó dos muertos. Más de 20.000 personas fueron confinadas en 11 municipios mientras se luchaba contra un pirocúmulo que alcanzó 14.000 metros de altura.

Este tipo de incendios, conocidos como de sexta generación, son cada vez más habituales. No se trata solo de fuegos grandes, sino de incendios con un comportamiento extremo: se expanden a velocidades imprevisibles, generan su propio clima, provocan rayos internos, y forman nubes de humo que pueden generar tormentas. Son fuegos que no se pueden controlar con los medios habituales, ni desde tierra ni desde el aire. A menudo, los equipos de extinción solo pueden replegarse y esperar a que cambien las condiciones meteorológicas.

Los incendios no solo destruyen tierras forestales o agrícolas, sino que también empujan a comunidades rurales al límite. La combinación de pérdida de suelo, miedo al fuego, falta de oportunidades económicas y degradación ambiental hace que muchas personas abandonen sus pueblos, acelerando el fenómeno de despoblación. Regiones como Castilla y León, Galicia o Asturias suman terrenos abandonados cada año, y con ellos desaparece la actividad agroforestal que mantenía el paisaje vivo. Y cuanto más abandonado está un territorio, más combustible acumula... y más fácil es que el fuego vuelva.

Agricultura y ganadería en peligro

La agricultura española, especialmente el cultivo de secano como cereales, aceituna y vid, está bajo presión. Las fases fenológicas —floración, salida de hoja bandera— se han adelantado en una media de uno a tres días cada año en las últimas décadas, lo que altera todo el calendario agrícola. Además, plagas como pulgones o araña roja han intensificado su presencia, moviéndose antes y con más fuerza debido a inviernos suaves y primaveras precoces.

La ganadería también sufre. En zonas rurales aisladas, la falta de agua y pastos ha obligado a recortar el tamaño de rebaños o incluso abandonarlos. Eso no solo afecta a los animales, también a sus pastores, y contribuye a un círculo de pérdida de biodiversidad, abandono laboral y degradación del paisaje.

La fuerte dependencia energética del regadío y la sobreexplotación de acuíferos en cultivos de alto valor como árboles frutales y horticultura intensiva ha llevado a conflictos sociales, rivalidades entre comunidades autónomas y debates sobre límites al uso del agua. El desequilibrio entre uso agrícola e hídrico amenaza la sostenibilidad del sistema agroalimentario español.

Riesgo para zonas costeras

El Mediterráneo español está en plena tropicalización. En julio de 2025, se registraron temperaturas del agua superiores a 30 °C en varias zonas, generando olas de calor marinas que están causando mortalidad masiva de corales, esponjas y algas. Se han detectado especies invasoras como el pez león y el pez conejo desplazando a peces autóctonos, alterando ecosistemas subacuáticos con consecuencias desconocidas para el turismo, la pesca y la biodiversidad.

Además, el nivel del mar continúa subiendo lentamente, mientras las tormentas ganan fuerza. Zonas como el Delta del Ebro, Doñana o buena parte del litoral mediterráneo corren el riesgo de sufrir inundaciones recurrentes, erosión costera, intrusión salina en acuíferos y pérdidas económicas para comunidades turísticas y pescadoras.

Este litoral “en primera línea” ya es vulnerable: edificios antiguos sin adaptación climática, playas sujetas a mareas altas y corrientes alteradas, y un desarrollo urbano intensivo sin previsión de efectos futuros. Todo ello hace que muchas zonas costeras sean hoy más vulnerables que nunca.

Capítulo 5. ¿Quiénes son los responsables?

No basta con saber que el planeta se calienta. Hay que entender por qué. Y sobre todo, quién está detrás. Porque el cambio climático no es una catástrofe natural que cae del cielo como un rayo. Tiene causas concretas, actividades humanas bien identificadas, decisiones políticas, intereses económicos, modelos de consumo y producción que lo han alimentado durante décadas.

Este capítulo busca señalar, sin rodeos, a los principales responsables. Y hacerlo no con ánimo de repartir culpas, sino de entender qué fuerzas están actuando para frenar —o para impedir— una transición ecológica que ya llega tarde. Porque no todos contaminan por igual. Y aunque todos tenemos una parte, hay actores que llevan décadas contribuyendo al problema mucho más que otros, conociendo sus consecuencias y eligiendo mirar a otro lado.

Veremos cómo sectores clave como la industria, el transporte y la energía encabezan las emisiones. Cómo los gobiernos —también el nuestro— actúan tarde, o no actúan. Cómo las grandes corporaciones influyen en las decisiones, bloquean cambios o lavan su imagen con discursos vacíos. Y cómo también nosotros, como individuos, tenemos margen de acción, pero no en solitario.

Industria, transporte y energía

Buena parte del cambio climático que sufrimos se cocina en tres frentes muy concretos: las fábricas, los motores y las centrales eléctricas. Es decir, la industria, el transporte y el sistema energético. Estos tres sectores son responsables de más del 90% de las emisiones de gases de efecto invernadero en España.

El caso más evidente es el del transporte. En nuestro país, casi un tercio de las emisiones provienen del uso de coches, camiones, autobuses y otros vehículos que funcionan, en su mayoría, con gasolina o diésel. Y lo peor es que estas cifras no bajan: en 2024, las emisiones del transporte aumentaron, a pesar del auge de las energías renovables. Los coches eléctricos siguen siendo minoría, los trenes de mercancías apenas se usan, y el uso masivo del vehículo privado no se reduce. Es decir, seguimos moviéndonos igual que hace veinte años, pero en un planeta que ya no puede soportarlo.

En cuanto a la industria, el panorama tampoco es esperanzador. Sectores como el cemento, la siderurgia o la petroquímica emiten grandes cantidades de CO_2 y otros gases contaminantes. Y aunque muchas empresas han mejorado sus procesos, el ritmo de cambio no se acerca ni de lejos a lo que haría falta. La industria manufacturera, por ejemplo, aporta un porcentaje relativamente bajo al valor económico del país, pero concentra una gran parte de las emisiones. Un desequilibrio que no se puede ignorar.

Por su parte, el sistema energético está en plena transformación, con un avance notable de las renovables. En 2023, la mitad de la electricidad generada en España procedía de fuentes limpias. Pero todavía hay un peso excesivo del gas natural y del petróleo en el conjunto de la energía primaria. Además, la demanda sigue creciendo, y con ella, la presión sobre el sistema.

Mientras tanto, seguimos quemando combustibles fósiles para calentar nuestras casas, mover nuestros coches y producir electricidad. Y cada vez que lo hacemos, el planeta paga el precio.

Gobiernos y pasividad política

NO, NO TENEMOS OTRO PLANETA

A lo largo de los últimos años, España ha aprobado leyes, estrategias y planes para frenar el cambio climático. Se declaró la emergencia climática, se aprobó una ley específica, se fijaron metas de neutralidad para 2050. Sobre el papel, todo parece en marcha. Pero la realidad va por otro lado. En 2024, en lugar de reducirse, las emisiones de gases de efecto invernadero volvieron a subir. Las medidas no llegaron a tiempo o simplemente no fueron suficientes. Y eso refleja un problema que va más allá de la buena voluntad: falta decisión política, falta ambición, falta valentía.

Los desastres climáticos ya no son una posibilidad futura, están ocurriendo. La inundación que arrasó Valencia en 2024 dejó más de 200 muertos y un impacto económico brutal. Las defensas eran insuficientes. Las infraestructuras estaban pensadas para un clima que ya no existe. Y aunque después del desastre se aprobaron medidas, como el permiso de baja por emergencia climática, llegaron tarde. Como casi siempre.

El problema es político, sí, pero también cultural. Los gobiernos temen tomar decisiones impopulares. Restringir el tráfico, limitar vuelos, introducir impuestos ambientales... todo eso se evita por miedo a perder votos. Y mientras dudan, el clima sigue empeorando. El coste de no hacer nada crece cada año. Pero como ese coste no se mide en euros inmediatos, sino en vidas, sufrimiento y daños a largo plazo, se deja para después.

Y no es solo miedo o pasividad. También hay intereses detrás. No elegidos en las urnas, pero con un poder enorme. Los lobbies están en todas partes: grandes corporaciones energéticas, constructoras, fondos de inversión, multinacionales del transporte o de la alimentación. Actúan en Bruselas, en Madrid, en Washington, en Nueva Delhi, en Pekín. Financiando estudios, presionando a diputados, redactando borradores de leyes que luego solo hay que firmar.

Cuando se habla de eliminar subvenciones a los combustibles fósiles, aparece el lobby del gas. Si se plantea limitar el consumo de carne, salta el lobby ganadero. Si se proponen impuestos al queroseno de los vuelos, las aerolíneas levantan el teléfono. Cada avance climático se encuentra con una fuerza organizada para frenarlo, disfrazada muchas veces de tecnicismo económico.

En España, este funcionamiento quedó retratado en el caso de Cristóbal Montoro. Durante su etapa como ministro de Hacienda, su antiguo despacho de consultoría, Equipo Económico, recibió pagos de grandes empresas eléctricas y gasistas para conseguir reformas fiscales a medida. En 2013 y 2014, el Gobierno incluyó en la reforma del impuesto sobre la electricidad una bonificación del 85 % para ciertos grandes consumidores. Esa disposición, que técnicos de Hacienda habían rechazado meses antes, terminó aprobándose tras presiones. Air Liquide y Praxair pagaron casi 800.000 euros al despacho con el objetivo de lograr exactamente esa modificación. Y lo consiguieron. La medida provocó una pérdida recaudatoria de 59 millones de euros solo en 2015.

Y no fueron solo esas empresas. También eléctricas, renovables, constructoras como Abengoa, Solaria, Red Eléctrica o Ferrovial contrataron los servicios del despacho. En total, entre 2008 y 2015, se pagaron cerca de 11 millones de euros, y los beneficios fiscales obtenidos por esas compañías superaron los 2.200 millones. Un negocio redondo. El juez del caso llegó a afirmar que Montoro desempeñó un papel "nuclear" en el diseño de estas ventajas fiscales, colocando a personas afines en puestos clave para facilitar los cambios legales.

Este no es un caso aislado. Es una forma de gobernar. Una forma de legislar. Mientras la ciudadanía piensa que los gobiernos trabajan por el bien común, detrás de muchas decisiones hay intereses económicos muy concretos. Y si no se corta esa relación tóxica entre poder político y lobbies, cualquier intento de frenar el cambio climático quedará en papel mojado.

El papel de las grandes corporaciones

NO, NO TENEMOS OTRO PLANETA

Detrás de muchas decisiones —o de muchas indecisiones— están las grandes empresas. Sobre todo aquellas vinculadas al petróleo, al gas, a la automoción, a la agroindustria o al transporte global. Son actores con un poder enorme, económico y político. Y ese poder, en demasiadas ocasiones, se utiliza para frenar el cambio.

Muchas de estas empresas conocen desde hace décadas el impacto climático de su actividad. No lo descubrieron ayer. Lo sabían en los años 70 y 80, cuando sus propios informes internos advertían del riesgo que suponía seguir quemando combustibles fósiles a gran escala. Algunas incluso financiaron durante años campañas de desinformación para sembrar dudas sobre el cambio climático. Compraron estudios sesgados, pagaron a supuestos "expertos" para aparecer en televisión, y crearon fundaciones con nombres rimbombantes que ponían en duda el consenso científico. Todo para ganar tiempo. Tiempo para seguir haciendo negocio como siempre.

Cuando ya no fue posible negar lo evidente, cambiaron de estrategia. Y ahí es donde aparece el greenwashing, el lavado verde de imagen. No cambiaron su modelo, sino su discurso. De pronto, todas las petroleras eran "sostenibles". Todas las eléctricas eran "verdes". Todas las aerolíneas "compensaban" sus vuelos con árboles. Todos los anuncios mostraban praderas, niños corriendo y placas solares en el tejado. Pero detrás de la foto bonita, todo seguía igual.

El greenwashing no es un error de comunicación. Es una estrategia deliberada. Se trata de vender una imagen de compromiso ambiental sin modificar en lo esencial la actividad que genera el problema. Una gran empresa sigue produciendo millones de toneladas de CO_2, pero le cambia el nombre a un producto, pinta de verde su logo, planta unos cuantos árboles simbólicos o lanza una campaña con palabras como "futuro", "sostenibilidad" y "compromiso". Y eso, en muchos casos, basta para lavar su conciencia... y la del consumidor.

Lo más grave es que el greenwashing no solo engaña: retrasa la acción real. Genera la falsa sensación de que ya se está haciendo lo suficiente, de que todo va en la buena dirección. Pero si una petrolera que invierte el 98 % de su presupuesto en extracción de crudo y solo un 2 % en renovables dice ser "parte de la transición", lo que está haciendo no es avanzar, sino distraer.

Hay empresas que anuncian neutralidad de carbono mientras siguen financiando infraestructuras fósiles. Otras que se comprometen a ser "cero emisiones" en 2050, pero no hacen nada concreto en 2025. Algunas incluso ofrecen "productos ecológicos" que en realidad siguen teniendo el mismo impacto ambiental, pero con un embalaje distinto. Es maquillaje. Y mientras el maquillaje se aplica, el planeta arde.

La lucha contra el cambio climático no necesita logotipos verdes ni eslóganes vacíos. Necesita hechos. Cambios reales en la forma de producir, distribuir, vender y consumir. Y para eso hace falta que las empresas actúen con responsabilidad... y que los gobiernos legislen con firmeza. Porque si no se regula el greenwashing, si se permite que cualquiera se autoproclame "verde" sin demostrarlo, el resultado es confusión, desconfianza y, sobre todo, retraso.

Este tipo de estrategias confunden al consumidor, dificultan la toma de decisiones informadas y ralentizan el cambio real. Muchas de estas campañas están diseñadas para lavar la imagen pública de la empresa, ganar clientes, evitar regulaciones o neutralizar críticas, mientras las emisiones siguen creciendo y el modelo de producción permanece intacto.

El greenwashing no es un error, es una táctica deliberada. Y, como el negacionismo suave o moderado, tiene un efecto similar: genera parálisis, complacencia y la falsa sensación de que ya se está haciendo lo suficiente, cuando no es así.

En España, algunas compañías energéticas han hecho avances importantes en renovables. Pero al mismo tiempo, siguen operando plantas de gas o invirtiendo en infraestructuras que prolongan la dependencia del petróleo. Lo mismo ocurre en el sector agroalimentario, donde la ganadería industrial emite grandes cantidades de metano, pero se resiste a cambiar su modelo. Por ejemplo, Repsol ha sido denunciada por promocionar su supuesto plan de cero emisiones mientras sigue invirtiendo en nuevos proyectos de extracción de petróleo y gas. Aunque habla de "transición energética", su negocio sigue siendo mayoritariamente fósil. También Iberdrola ha sido criticada por publicitar su apuesta por las energías renovables, cuando en realidad parte de su negocio sigue basado en energía no limpia, y ha sido acusada de presionar contra normativas que afectan sus intereses en el mercado energético

Y mientras tanto, estas corporaciones tienen acceso privilegiado a los gobiernos, influyen en leyes, negocian subvenciones y deciden dónde se invierte el dinero público. El resultado es un retraso constante en la transformación que necesitamos. Un retraso que cuesta tiempo. Y el tiempo es lo único que no tenemos.

La huella de carbono individual

Y luego estamos nosotros. La ciudadanía. Las personas que vivimos, consumimos, nos desplazamos, comemos, votamos. Nuestra huella individual es pequeña comparada con la de los grandes sectores industriales, sí. Pero sumada, tiene un impacto considerable.

Nuestros hábitos de consumo —desde lo que comemos hasta cómo nos movemos— influyen directamente en las emisiones. Comer carne a diario, usar el coche para todo, viajar en avión varias veces al año, comprar productos que han cruzado medio planeta... todo eso deja una marca. Y aunque no podemos cambiar el sistema por nuestra cuenta, sí podemos empujar hacia otro modelo.

Eso no significa caer en la culpabilidad constante ni pensar que todo depende de nosotros. Pero sí implica responsabilidad. Entender que cada decisión cuenta. Que lo que elegimos cada día —nuestro consumo, nuestro voto, nuestras exigencias— forma parte de la solución. O del problema.

Porque si no exigimos a quienes gobiernan, si no premiamos a quienes apuestan por lo sostenible, si no cambiamos nuestros hábitos de forma colectiva, el cambio no llegará. Y aunque no somos los principales culpables, tampoco podemos mirar hacia otro lado.

A veces parece que las decisiones individuales son irrelevantes frente a la magnitud del problema. Pero eso no es del todo cierto. Cuando muchas personas actúan en la misma dirección, el efecto se multiplica. Y no solo en términos de reducción de emisiones, sino también en términos de presión política, económica y social. Las empresas responden a la demanda. Los gobiernos responden a la presión ciudadana. Nada cambia sin una ciudadanía que empuje.

La acción climática no es solo cosa de expertos ni de grandes cumbres internacionales. También se decide en casa, en el supermercado, en las urnas, en las redes sociales, en el día a día. Se decide cuando eliges moverte a pie o en transporte público, cuando eliges productos de temporada, cuando consumes menos y mejor, cuando apoyas a quienes hacen las cosas de otra manera. Se decide cuando dejas de votar a quienes niegan la evidencia, o a quienes se limitan a poner parches sin atreverse a transformar nada.

Por eso, más allá de los grandes acuerdos globales, también es necesario un compromiso local, cotidiano, real. Y para facilitar ese compromiso, aquí van algunas acciones que cualquier persona puede poner en práctica:

- **Reducir el consumo de carne**, sobre todo de carne roja, y apostar por una alimentación más vegetal y de proximidad.

- **Evitar el coche privado siempre que sea posible**, usar el transporte público, la bicicleta o caminar.
- **Disminuir los viajes en avión**, especialmente los de corta distancia, y compensar emisiones cuando no haya alternativa.
- **Ahorrar energía en casa**, apostando por electrodomésticos eficientes, iluminación LED y controlando el uso de climatización.
- **Comprar menos y mejor**, eligiendo productos duraderos, reparables, sin envoltorios innecesarios.
- **Consumir local y de temporada**, apoyando a pequeños productores y reduciendo la huella del transporte.
- **Ahorrar agua**, cerrar grifos, elegir duchas frente a baños, instalar reductores de caudal.
- **Revisar el consumo digital**, evitar el exceso de streaming, reducir el uso de datos y apagar dispositivos cuando no se usan.
- **Informarse y formar parte del debate**, para no caer en bulos ni resignarse.
- **Participar activamente**, sumándose a plataformas, colectivos o movimientos que presionan por medidas reales contra el cambio climático.

Ninguna de estas acciones cambia el mundo por sí sola. Pero todas, juntas, son una fuerza. Una señal. Un aviso a quienes gobiernan de que ya no vale hacer como si nada. De que no aceptamos discursos vacíos ni promesas a 2050 que no se traducen en hechos hoy. Porque el futuro ya no es una idea lejana. El futuro es ahora. Y también depende de nosotros.

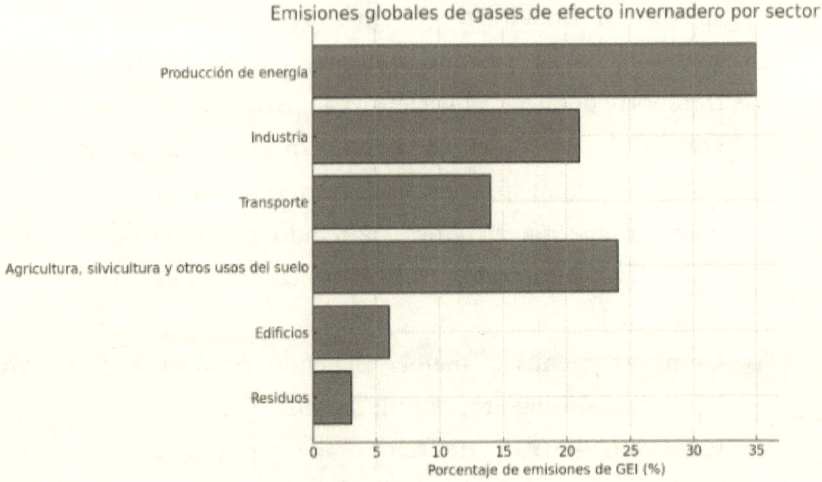
Emisiones globales de gases de efecto invernadero por sector
Producción de energía
Industria
Transporte
Agricultura, silvicultura y otros usos del suelo
Edificios
Residuos
0
5
10
15
20
25
30
35
Porcentaje de emisiones de GEI (%)

Capítulo 6. Mitos, negacionismo y manipulación

El cambio climático no es solo una cuestión científica o política. También es un terreno de batalla ideológica, donde se libra una lucha constante por el relato. Aunque las evidencias científicas son abrumadoras, el negacionismo sigue presente, disfrazado de escepticismo o de "pensamiento crítico". Y no se trata solo de personas despistadas en redes sociales, sino de campañas organizadas, financiadas y amplificadas por quienes tienen intereses en que nada cambie.

Mientras la ciencia avanza y las consecuencias del cambio climático se hacen más visibles, también crecen los bulos, los mitos y las estrategias de manipulación que buscan sembrar duda, confusión o resignación. Este capítulo aborda los principales argumentos negacionistas, el papel de los medios y las redes sociales en su difusión, y el uso político y económico de este discurso tóxico.

Principales argumentos negacionistas y cómo rebatirlos

Una de las estrategias más efectivas del negacionismo climático ha sido repetir argumentos simples, aunque falsos, una y otra vez. "El clima siempre ha cambiado", dicen algunos, como si eso invalidara el hecho de que el cambio actual es provocado por la actividad humana. Es cierto que ha habido cambios climáticos en la historia del planeta, pero ninguno ha sido tan rápido ni tan vinculado al uso de combustibles fósiles como el actual. Hoy no estamos ante un ciclo natural, sino ante un problema causado por el CO_2 que emitimos al quemar petróleo, gas y carbón.

Otro argumento frecuente: "Los científicos no se ponen de acuerdo". Falso. Más del 97 % de los estudios científicos revisados por pares coinciden en que el cambio climático es real y tiene origen humano. Ese 3 % restante, además, incluye investigaciones con errores metodológicos, financiaciones dudosas o conflictos de interés. El consenso científico es tan sólido como el que hay sobre que fumar provoca cáncer. Pero mientras nadie discute ya eso en serio, con el cambio climático aún se permite el "duda razonable".

También se oye que "hay inviernos muy fríos, así que el calentamiento global es mentira". Este razonamiento ignora que el cambio climático no significa calor constante, sino una alteración de los patrones climáticos. Las olas de frío, las lluvias torrenciales o las nevadas extremas no contradicen el calentamiento global; son parte de su manifestación. De hecho, el deshielo del Ártico está alterando las corrientes de aire que regulan el clima en el hemisferio norte, provocando inviernos más extremos en algunas regiones.

Otro clásico: "No sirve de nada lo que hagamos aquí si China contamina más". Este argumento es cómodo, pero tramposo. Todos los países deben asumir su responsabilidad. China lidera en emisiones totales, sí, pero no si se mide por habitante o por emisiones históricas acumuladas. Además, muchos productos que contaminan allí se fabrican para empresas occidentales. Mirar hacia otro lado mientras se exige que otros actúen primero es una excusa más para no hacer nada.

Un bulo recurrente es que "el CO_2 no es un contaminante, es parte natural del aire". Cierto, en parte: el CO_2 está presente de forma natural, y las plantas lo necesitan. Pero el problema no es su existencia, sino su exceso. Cuando los niveles de CO_2 superan los límites naturales, se altera el equilibrio del sistema climático. No se trata de eliminar el CO_2, sino de reducir el que generamos artificialmente y que el planeta no puede absorber a tiempo. De lo contrario, se acumula en la atmósfera como una manta que retiene el calor.

Algunos incluso afirman que "las energías renovables son más contaminantes que los combustibles fósiles". Lo justifican hablando de las materias primas necesarias para fabricar placas solares o aerogeneradores. Pero es un argumento tramposo: la huella de carbono de las renovables, incluso contando su fabricación y mantenimiento, es una fracción de la que generan el carbón, el gas o el petróleo. Además, las tecnologías renovables mejoran año tras año, mientras que el petróleo nunca dejará de ser sucio.

Otros dicen que "todo esto del cambio climático es una estrategia para controlarnos, imponernos impuestos verdes y recortar libertades". Este discurso conecta con el negacionismo conspiranoico: la idea de que hay una élite global que manipula a la población con fines ocultos. Pero no hace falta ninguna conspiración para explicar por qué el planeta se calienta. Basta con mirar los datos, los satélites, los registros históricos. Y tampoco es un plan para empobrecer a nadie. Lo que empobrece, en realidad, es el propio cambio climático: destruye cosechas, inunda ciudades, provoca incendios, mata gente.

También se ha extendido el mito de que "la transición ecológica solo beneficia a los ricos". Es cierto que, si no se diseña bien, puede generar desigualdades. Pero precisamente por eso se necesitan políticas públicas que la hagan justa: ayudas al transporte sostenible, subvenciones para renovar electrodomésticos, incentivos a las energías limpias. El cambio climático no se combate solo con conciencia individual, pero tampoco se combate con resignación ni con victimismo.

Y hay otro argumento que parece razonable, pero que esconde una trampa: "No hay que exagerar, aún estamos a tiempo". Este mensaje, aunque parece tranquilizador, puede llevar a la inacción. Sí, todavía podemos evitar los peores escenarios, pero no si seguimos aplazando decisiones. Cada año perdido supone más emisiones, más daños, más vidas afectadas. No es cuestión de alarmismo, sino de urgencia real.

En el fondo, casi todos estos bulos y argumentos tienen un punto en común: invitan a la inacción. A la duda, al escepticismo tibio, a la idea de que "no está tan claro", o "ya se arreglará", o "yo poco puedo hacer". Pero el cambio climático no espera a que nos pongamos de acuerdo. Está ocurriendo. Y cuanto más tiempo perdamos desmontando mentiras, más difícil será frenarlo.

El papel de los medios y las redes sociales

Durante décadas, muchos medios de comunicación trataron el cambio climático como si fuera un debate, no un hecho. En nombre de una falsa equidistancia, ofrecían "una voz a favor" y "una en contra", como si la evidencia científica necesitara contrapeso. Esto generó confusión, alimentó el negacionismo y retrasó la toma de conciencia social. Mientras la ciencia acumulaba pruebas sólidas, la televisión y la prensa abrían espacio a negacionistas como si fueran simples "opiniones distintas". Esa equidistancia no informaba: desinformaba.

En las redes sociales, la situación es aún más peligrosa. Algoritmos que premian la viralidad, la polémica y lo emocional han favorecido la difusión de bulos climáticos a una velocidad imparable. Un vídeo viral que dice que "el CO_2 es bueno para las plantas" puede tener más impacto que un informe del IPCC. Los negacionistas dominan el lenguaje de las redes: memes, vídeos cortos, mensajes simples que refuerzan ideas previas. Mientras tanto, los mensajes científicos, más complejos y matizados, circulan con más dificultad. La mentira viaja rápido; la verdad, a pie.

Además, muchos de estos contenidos no son espontáneos. Hay campañas coordinadas, bots, cuentas falsas y estrategias bien pensadas. Detrás de algunos de los canales más populares que niegan el cambio climático hay empresas con vínculos con el sector energético, think tanks ultraconservadores o intereses económicos concretos. En otros casos, simplemente se aprovecha la polémica para ganar seguidores, clics y monetización. Hay influencers que, sin tener ni idea del tema, publican vídeos negacionistas porque saben que generarán debate y visitas. Y visitas es igual a dinero.

Y luego están los medios tradicionales. Algunos siguen informando con rigor, pero otros se han convertido en altavoces del negacionismo o el relativismo climático. Grandes grupos mediáticos con intereses empresariales en sectores contaminantes difícilmente van a morder la mano que les da de comer. Así, se difunden noticias que minimizan el problema, se exageran los costes de las medidas ecológicas o se caricaturizan a los ecologistas como alarmistas o radicales. Se instala una idea peligrosa: "no hay que ponerse histéricos", "todo esto es exagerado", "la transición ecológica arruina a los trabajadores".

Lo más preocupante es que esta manipulación se infiltra en el día a día. A través del móvil, del ordenador, del televisor. Con titulares llamativos, vídeos compartidos por WhatsApp o publicaciones que se cuelan en el algoritmo de TikTok o YouTube. Se normaliza la mentira. Se crea una burbuja de desinformación que refuerza prejuicios, bloquea el pensamiento crítico y retrasa cualquier acción colectiva. Y como todo esto pasa en el entorno digital —rápido, masivo, sin filtros—, el daño es casi invisible. Pero muy real.

La desinformación climática no es un error ni una casualidad. Es una estrategia. Una forma de controlar el relato, de mantener el negocio, de evitar cambios. Porque si la gente duda, si piensa que todo está en discusión, si cree que no hay consenso, entonces no exige nada. Y eso es justo lo que buscan quienes se benefician de que todo siga igual.

Por eso, combatir el negacionismo no es solo responder con datos. Es también entender cómo funciona la manipulación. Es aprender a distinguir entre información y propaganda, entre ciencia y opinión. Y sobre todo, es exigir responsabilidad a quienes tienen el poder de informar: medios, plataformas digitales, gobiernos. Porque mientras se juega con la verdad, el clima no espera.

Negacionismo político y económico

El negacionismo climático ya no siempre niega el cambio en sí. Ha mutado. Ahora muchas veces se disfraza de escepticismo moderado: "Sí, hay cambio climático, pero no está tan claro que sea tan grave", o "no podemos arruinar nuestra economía por esto". Este discurso es aún más peligroso porque aparenta sensatez, pero en el fondo persigue lo mismo: inacción.

Muchos partidos políticos, especialmente de extrema derecha, han adoptado un negacionismo más sofisticado. No niegan todo, pero ponen en duda lo suficiente como para justificar que no se tomen medidas. Critican las políticas verdes como elitistas, dicen que afectan solo a los trabajadores, que encarecen la vida. Apelan al bolsillo, al miedo y al rechazo a los cambios. Y funcionan. En varios países, este discurso ha frenado leyes climáticas clave.

Y no es casual. El negacionismo climático moderno está profundamente ligado a la ultraderecha. No solo porque critican las medidas ecológicas desde la oposición, sino porque cuando llegan al poder directamente las desmantelan. El caso de Donald Trump es paradigmático: retiró a Estados Unidos del Acuerdo de París, recortó regulaciones medioambientales y colocó negacionistas declarados al frente de agencias ambientales. Su administración trabajó activamente para desregular el sector energético y favorecer a la industria del petróleo y el carbón.

Jair Bolsonaro en Brasil fue aún más lejos. No solo debilitó los organismos de protección ambiental, sino que alentó con su discurso la deforestación masiva del Amazonas, el mayor pulmón verde del planeta. Redujo el presupuesto de los órganos fiscalizadores, persiguió a las ONG que protegían el bosque y flexibilizó las normas para explotaciones agrícolas e industriales. El resultado fue un aumento sin precedentes de los incendios y una pérdida brutal de biodiversidad.

Estos ejemplos no son excepciones: son el manual. En Hungría, Polonia o incluso en partidos de ultraderecha europeos con aspiraciones de gobierno, se repite el patrón. Dudan de los informes científicos, exageran los costes de la transición ecológica, protegen los intereses de los sectores contaminantes y colocan el cambio climático al final de su agenda. Cuando gobiernan, revierten avances logrados durante años. El mensaje es claro: el clima importa... siempre que no moleste a los que mandan de verdad.

También hay negacionismo en sectores económicos. Grandes empresas contaminantes financian campañas que siembran dudas, contratan expertos a sueldo, crean fundaciones que publican informes "alternativos" y hacen lobby para evitar regulaciones. El objetivo es mantener el negocio el mayor tiempo posible. Mientras tanto, promueven acciones simbólicas (como plantar árboles) que les dan buena imagen sin tocar su actividad principal.

Este negacionismo disfrazado se cuela en los discursos públicos, en los debates políticos, en las conversaciones de bar. Se presenta como moderación, pero en realidad es una forma de frenar el cambio. Y lo más preocupante es que a veces no lo percibimos como negacionismo. Porque no grita. Porque no lleva pancartas. Porque solo quiere que todo siga igual, aunque el mundo esté ardiendo.

Otro ejemplo claro es la instrumentalización del ruralismo y la caza por parte de partidos de ultraderecha. Utilizan una supuesta defensa del mundo rural como excusa para atacar políticas ambientales. Alegan que las leyes ecológicas "criminalizan" al campo, que los ecologistas "no entienden la vida rural", o que "se quiere acabar con las tradiciones del pueblo".

En realidad, esta narrativa no defiende al mundo rural real, sino una versión idealizada y manipulada del mismo, utilizada como arma política. La caza, por ejemplo, se presenta como una actividad identitaria amenazada por la "agenda verde", cuando en muchos casos es simplemente un negocio o un instrumento de poder. Lo que se defiende no es el modo de vida rural, sino los privilegios de ciertos sectores con intereses económicos o ideológicos.

En España hemos visto cómo se han utilizado movilizaciones de cazadores o ganaderos para arremeter contra normativas de protección animal o de conservación de especies. En Francia, la extrema derecha ha defendido a los cazadores de alondra o de tórtola en contra de las directivas europeas, presentando la conservación ambiental como una "imposición de Bruselas".

El negacionismo climático no es solo una cuestión de ignorancia o escepticismo mal entendido. Muchas de las campañas que siembran dudas, promueven bulos o relativizan el impacto del cambio climático están financiadas por intereses económicos concretos, especialmente por empresas y grupos vinculados a los combustibles fósiles.

Durante décadas, grandes petroleras como ExxonMobil, Chevron o BP han destinado millones de dólares a financiar fundaciones, centros de "estudio", lobbies y campañas públicas que niegan el consenso científico sobre el cambio climático. Su objetivo: proteger su modelo de negocio durante el mayor tiempo posible, aunque eso suponga poner en riesgo el planeta.

Uno de los ejemplos más conocidos es el de ExxonMobil, que ya en los años 70 tenía informes internos que alertaban de los riesgos del calentamiento global. Sin embargo, en lugar de actuar, la empresa decidió ocultar esa información y financiar durante años a organizaciones como el Heartland Institute, que ha liderado la negación del cambio climático en Estados Unidos.

También destacan grupos como:

- **Competitive Enterprise Institute** (EE. UU.), que ha recibido financiación de petroleras y ha promovido durante años políticas contrarias a la regulación ambiental.
- **Cato Institute,** vinculado a los hermanos Koch (grandes magnates del petróleo), que han financiado campañas contra la legislación climática y los impuestos al carbono.
- En Europa, lobbies como **BusinessEurope** han presionado de forma continua para frenar o suavizar las políticas climáticas de la Unión Europea, defendiendo los intereses de grandes industrias contaminantes.

Estos grupos no suelen negar el cambio climático de forma directa hoy en día, pero sí cuestionan la gravedad, desacreditan las soluciones o promueven la inacción. En muchos casos, se presentan como centros de "pensamiento libre" o de "rigor científico alternativo", cuando en realidad son instrumentos de presión política y mediática al servicio del negocio fósil.

En España también ha habido casos. En 2022, una investigación reveló que grupos ultraconservadores vinculados al sector energético financiaban páginas web y canales de YouTube que propagaban mensajes negacionistas o antiecologistas, bajo la apariencia de divulgación neutral. También se han detectado campañas de desinformación en redes sociales orquestadas desde bots automatizados o cuentas falsas, especialmente durante momentos clave como elecciones o cumbres climáticas.

La conclusión es clara: el negacionismo no es un fenómeno espontáneo. Está organizado, tiene financiación y objetivos muy concretos. Por eso, es tan importante seguir el rastro del dinero detrás de los discursos que buscan frenar el cambio real.

Este discurso no solo fomenta el enfrentamiento entre campo y ciudad, sino que frena el avance de políticas climáticas necesarias, bajo el pretexto de defender las tradiciones. Una vez más, se trata de sembrar división, desinformación y confusión, para evitar los cambios que el planeta exige.

El negacionismo de hoy no niega el fuego, solo dice que no hace tanto calor. O que abrir las ventanas ya es suficiente. Y mientras seguimos discutiendo si la casa está ardiendo o solo huele a humo, el techo se nos cae encima.

Capítulo 7. ¿Qué podemos hacer?

A estas alturas del libro, está claro que no se trata solo de diagnosticar el problema, sino de actuar. El cambio climático no se va a detener solo, ni lo va a resolver una app, ni basta con buenas intenciones. Hace falta transformar muchas cosas, y hacerlo ya. Porque no tenemos tiempo, ni margen para más excusas.

No todo depende de las decisiones individuales, pero tampoco podemos esperar sentados a que los gobiernos o las grandes empresas lo hagan todo. Se necesita una combinación de medidas estructurales, voluntad política, transformación de sectores clave y un cambio profundo en nuestra forma de vivir. Este capítulo no pretende ofrecer una solución mágica, porque no la hay. Pero sí señalar por dónde empezar. Qué se puede y qué se debe hacer. Qué decisiones son urgentes y cuáles son las más efectivas.

Medidas globales urgentes

La primera clave es entender que el cambio climático no conoce fronteras. Sus efectos son globales, y por tanto, también lo deben ser las soluciones. Lo que emite una central térmica en China o una refinería en Estados Unidos afecta igual a una pequeña isla del Pacífico que a una ciudad europea. Por eso, se necesitan acuerdos internacionales firmes, ambiciosos y vinculantes.

El Acuerdo de París (2015) fue un paso, pero insuficiente. Sus metas eran voluntarias, los mecanismos de control débiles y, lo más grave, no se están cumpliendo. A día de hoy, ningún país del G20 está en camino de alcanzar los objetivos climáticos marcados. Las emisiones siguen creciendo. La temperatura sigue subiendo. Los compromisos, cuando existen, no se traducen en hechos.

El problema es que estos acuerdos, aunque necesarios, están pensados para que todos se vayan contentos a casa. Se negocian con lenguaje vago, objetivos difusos y sin sanciones reales para quien no cumpla. Nadie quiere ceder demasiado. Nadie quiere ser el primero en hacer sacrificios. Y mientras tanto, el reloj sigue corriendo.

Si uno analiza con detenimiento el Acuerdo de París, lo que encuentra es más una declaración de intenciones que un pacto real con consecuencias. Un acuerdo que no obliga, que no castiga y que, en muchos casos, ni siquiera se traduce en políticas internas efectivas. La mayoría de los países firmaron con una sonrisa y siguieron con sus planes económicos y energéticos de siempre. Como si con la firma bastara.

Lo más preocupante no es solo la ineficacia de estos pactos, sino la falta de visión a largo plazo de quienes los firman. Todo está pensado desde una lógica electoral, cortoplacista, centrada en el ciclo político, en la próxima cumbre, en el próximo titular. El ser humano —y especialmente los gobiernos— actúa como si solo importara lo que ocurrirá en seis meses, en un año, como mucho en la siguiente legislatura. Pero no lo que pasará dentro de diez, veinte o treinta años.

Es una ceguera estructural. Sabemos que el clima está cambiando, que las consecuencias serán devastadoras, pero actuamos como si no lo supiéramos. Como si no estuviera ocurriendo ya. Se hacen planes para 2050, se habla de neutralidad climática, pero en 2024 las emisiones volvieron a subir. Y en 2023 también. Y en 2022. Lo urgente tapa lo importante. Lo inmediato borra lo esencial.

Hace falta una nueva gobernanza climática global, que imponga límites claros, penalice a los incumplidores y apoye económicamente a los países más vulnerables. No se puede pedir lo mismo a un país rico que a uno empobrecido. Pero tampoco se puede permitir que las potencias hagan lo que quieran mientras el resto paga las consecuencias. El planeta no espera a que nos pongamos de acuerdo.

También es urgente reducir de forma drástica los subsidios a los combustibles fósiles. Cada año se destinan billones de euros a mantener artificialmente barato el petróleo, el gas y el carbón. Es una contradicción brutal: hablamos de transición ecológica mientras financiamos lo que la está frenando. En 2022, los subsidios globales a los combustibles fósiles alcanzaron los 7 billones de dólares, según el FMI. Es decir, seguimos alimentando el problema con dinero público.

Y, por supuesto, hacer justicia climática. Los países más responsables del problema deben asumir más carga. Y los que menos han contaminado, pero más sufren sus efectos, deben recibir apoyo técnico, económico y político. No es caridad: es reparación. Porque mientras Europa debate si baja un poco las emisiones, hay islas en el Pacífico que ya están desapareciendo bajo el agua. Mientras Estados Unidos discute si legisla una ley climática, hay niños en África que mueren por sequías extremas. Y eso, aunque no se vea en los telediarios, también es responsabilidad compartida.

La emergencia climática exige más que buenas intenciones. Exige decisiones valientes. Exige renunciar a privilegios, tocar intereses y pensar más allá de cuatro años vista. Porque, al final, lo que está en juego no es un dato, ni un informe, ni una gráfica: es la vida. Y la estamos poniendo en riesgo por no querer mirar más allá del escaparate de lo inmediato.

Transformar la agricultura y la ganadería

El sistema agroalimentario es responsable de alrededor del 30% de las emisiones globales de gases de efecto invernadero. Pero su impacto no termina ahí: consume enormes cantidades de agua, degrada los suelos, deforesta, contamina acuíferos y utiliza pesticidas que envenenan el aire, los ríos y los propios alimentos. Es un sistema que alimenta, sí, pero al precio de destruir el entorno del que depende. Un sistema que se ha vuelto insostenible en nombre de la productividad y la rentabilidad.

Transformar este modelo no es una opción: es una urgencia. Necesitamos repensar desde la base cómo producimos lo que comemos. Reducir el uso de fertilizantes químicos —cuya fabricación es una fuente importante de emisiones— es uno de los primeros pasos. Apostar por la agroecología, una agricultura que respeta los ritmos naturales, la biodiversidad y la fertilidad del suelo, no es una utopía: ya hay miles de ejemplos que demuestran que es posible. En España, cooperativas agrícolas en Navarra o Andalucía llevan años mostrando que se puede cultivar con respeto por la tierra y obtener cosechas rentables.

Recuperar prácticas tradicionales sostenibles, como los policultivos, la rotación de cultivos o el uso de variedades locales adaptadas al clima, también es clave. No se trata de volver al pasado ni de renunciar a la innovación. Se trata de integrar tecnología, ciencia y conocimiento ancestral con un objetivo claro: producir alimentos sin destruir el planeta. La agricultura regenerativa, por ejemplo, va más allá de la sostenibilidad. No solo busca no dañar, sino regenerar: devolver al suelo su salud, aumentar la biodiversidad y capturar carbono de la atmósfera.

La ganadería intensiva es otro gran obstáculo. Emite enormes cantidades de metano, uno de los gases más potentes en términos de calentamiento global. Contamina los acuíferos con purines, degrada suelos por sobreexplotación y concentra a los animales en condiciones que rozan —o superan— la crueldad sistemática. El sufrimiento animal, además del impacto ambiental, es un tema ético que ya no se puede ignorar.

Es imprescindible fomentar dietas más basadas en vegetales. Reducir el consumo de carne y lácteos no significa prohibir ni imponer, sino cambiar hábitos con conciencia. Se puede comer carne, sí, pero no todos los días, ni a cualquier precio. La ganadería extensiva bien gestionada, integrada en el paisaje y respetuosa con el entorno, puede ser parte de la solución. Pero requiere apoyo institucional, formación y una cadena de distribución que no castigue al pequeño productor.

El modelo de distribución también debe cambiar. Hoy en día, muchos alimentos viajan miles de kilómetros antes de llegar a nuestra mesa. Eso implica embalaje, transporte, refrigeración, emisiones. Promover circuitos cortos, consumo local y de temporada, y soberanía alimentaria no es solo una cuestión romántica o ideológica. Es una estrategia de resiliencia. Cuanto más dependamos de redes globales complejas y frágiles, más vulnerables seremos.

Y en este camino de transformación también hay espacio para la innovación más disruptiva. El consumo de insectos, por ejemplo, ya no es una rareza lejana. Es una opción real que empieza a abrirse paso. Altamente proteicos, con una huella ecológica mínima y fáciles de criar, los insectos se perfilan como una alternativa viable para alimentar a una población mundial creciente sin arrasar el planeta. En países como Países Bajos o Bélgica ya se están comercializando productos derivados de grillos, gusanos o larvas con buena acogida. Es cierto que culturalmente cuesta dar el paso, pero también lo fue en su momento comer sushi, tofu o algas.

Transformar la agricultura y la ganadería no es solo cuestión de técnicas, sino también de mentalidad. Se trata de replantear nuestra relación con la tierra, con los animales y con nuestra forma de alimentarnos. No para renunciar al bienestar, sino para garantizarlo a largo plazo. Porque si no cambiamos lo que comemos, será el cambio climático el que nos cambie a nosotros, y no precisamente para bien.

Cambiar el modelo energético

No hay solución al cambio climático sin una transformación radical del modelo energético. No es una frase exagerada: es una realidad incómoda. El 75 % de las emisiones de gases de efecto invernadero provienen directa o indirectamente de la quema de combustibles fósiles. Petróleo, gas y carbón están en el corazón del sistema económico global. Cambiar eso es, literalmente, cambiarlo todo.

La buena noticia es que ya tenemos alternativas. Energía solar, eólica, hidráulica, geotérmica, mareomotriz... todas ellas limpias, renovables y cada vez más competitivas en costes. En muchos lugares del mundo, la energía solar ya es más barata que el carbón o el gas. Y sin embargo, el sistema energético sigue atado al pasado. Las infraestructuras fósiles dominan el panorama. Las grandes corporaciones energéticas siguen extrayendo, transportando y vendiendo combustibles contaminantes con total normalidad. Y lo más grave: lo hacen con apoyo público. Cada año, los gobiernos destinan billones de euros en subvenciones a estos sectores. Es una contradicción escandalosa. Se habla de transición ecológica mientras se financia lo que la impide.

El reto no es solo generar más electricidad limpia. Es electrificar sectores enteros que ahora dependen del petróleo o el gas: el transporte por carretera, la aviación, la industria pesada, la calefacción. Y todo eso requiere inversión, planificación y voluntad política. También justicia social. Porque una transición energética que deje atrás a los más vulnerables está condenada al fracaso. Hay que garantizar que el acceso a la energía no sea un privilegio, sino un derecho. No basta con cambiar el tipo de energía: hay que cambiar la lógica que la sostiene.

El actual modelo energético está hiperconcentrado. Un puñado de grandes compañías controla la producción, la distribución y la comercialización de la energía. Democratizar este sistema es clave. Fomentar el autoconsumo, apoyar las comunidades energéticas, impulsar la generación distribuida... todo eso no es una utopía, es una necesidad. Ya hay pueblos en España que se organizan para instalar paneles solares compartidos. Ya existen cooperativas que producen energía limpia para sus miembros. Cada kilovatio producido fuera del sistema centralizado es un paso hacia la soberanía energética y hacia un modelo más justo.

El gran obstáculo, claro, son los intereses creados. Las grandes multinacionales energéticas llevan décadas acumulando poder:

influencia política, mediática, acceso directo a altos funcionarios y presencia constante en los organismos decisorios. No van a soltar su modelo fácilmente ni por presión moral. Por eso, los gobiernos tienen que ser fuertes y valientes: deben elegir entre proteger los beneficios a corto plazo de unos pocos o apostar por el futuro del planeta. No es sencillo. Pero es urgente.

En Europa, desde 2010, las cinco mayores petroleras han gastado cientos de millones de euros en lobby en Bruselas, manteniendo reuniones constantes con altos cargos de la Comisión Europea. Durante años, prácticamente cada día laborable había una reunión entre un representante de la industria fósil y un alto funcionario europeo. No se trata solo de estar presentes, sino de moldear la legislación desde dentro. El Pacto Verde Europeo, anunciado como una gran revolución, ha sido objeto de presión constante por parte de estas empresas, que han intentado suavizar sus medidas, especialmente en lo relativo al transporte y la energía.

Esto no es nuevo. En los años noventa y dos mil, coaliciones de empresas petroleras como la Global Climate Coalition bloquearon los avances del Protocolo de Kioto en Estados Unidos, financiando campañas que generaban dudas sobre el consenso científico. Aunque la comunidad científica ya advertía con claridad sobre los efectos del cambio climático, bastaron algunas campañas bien dirigidas para sembrar escepticismo en la opinión pública y paralizar decisiones clave.

En Estados Unidos, la industria fósil invirtió al menos 2.000 millones de dólares entre 2000 y 2016 solo en presionar sobre políticas climáticas. Compañías como ExxonMobil, Chevron o la API han intervenido directamente en decisiones políticas, nombramientos estratégicos y regulaciones medioambientales. Y mientras estas empresas hablaban públicamente de sostenibilidad, sus lobbies trabajaban en la sombra para frenar cualquier norma que afectara sus intereses.

También hoy, en pleno siglo XXI, la influencia sigue siendo enorme. En cumbres climáticas internacionales como la COP26, aunque formalmente las grandes petroleras no tienen voz en las negociaciones, sus vínculos con consultoras, asesores y delegaciones nacionales han servido para frenar los avances. En Bruselas, muchas de las consultoras de comunicación que diseñan campañas ecológicas para las grandes energéticas también ejercen presión en nombre de esas mismas compañías para impedir restricciones al gas, el petróleo o el carbón.

Una de las estrategias más habituales de estos grupos es apostar por "soluciones tecnológicas" que suenan bien pero que no resuelven el fondo del problema. Promueven ideas como la captura de carbono o los combustibles sintéticos como si fueran soluciones mágicas, cuando en realidad son excusas para seguir usando combustibles fósiles durante más tiempo. Con ello ganan tiempo, retrasan cambios profundos y mantienen sus beneficios.

Otra táctica frecuente es el llamado "lavado verde" o *greenwashing*: campañas publicitarias y de imagen en las que las petroleras hablan de transición energética, paneles solares o coches eléctricos mientras la inmensa mayoría de su inversión sigue destinada al gas y al petróleo. Se trata de generar una sensación de compromiso ambiental sin cambiar nada de fondo.

Por eso es tan urgente que los gobiernos legislen con claridad y valentía. No pueden seguir permitiendo que unos pocos frenen el futuro de todos. Deben establecer reglas claras, poner límites a la influencia de los lobbies, impedir las puertas giratorias entre política e industria, y garantizar que el interés público esté por encima del interés privado. La transición energética no será posible si quienes más se benefician del modelo actual siguen dictando las normas del juego.

Porque, de nada sirve que Europa haga esfuerzos titánicos si Asia o América siguen dependiendo del carbón. Y sin embargo, hay señales esperanzadoras. China, a pesar de ser el mayor emisor global, está liderando también la transición. En 2023 instaló más capacidad solar que el resto del mundo junto. En regiones como el desierto del Gobi, ha levantado verdaderas ciudades solares. También invierte en eólica marina y en almacenamiento energético. El cambio ha comenzado, aunque no al ritmo que se necesita.

Estados Unidos va a dos velocidades. Por un lado, ha impulsado leyes que incentivan las renovables y los coches eléctricos. Por otro, sigue siendo uno de los mayores productores de gas y petróleo. Y la amenaza de una regresión política siempre está presente.

La cuestión es global. Las emisiones no entienden de fronteras. El CO_2 que se emite en Texas o en Shanghái también calienta la atmósfera en Madrid. Por eso, el cambio de modelo energético no puede ser parcial. O es mundial, o no será.

Cambios en la movilidad y el urbanismo

El transporte representa una de las mayores fuentes de emisiones de gases de efecto invernadero, especialmente en zonas urbanas. Coches, motos, camiones y aviones generan una enorme cantidad de CO_2, además de partículas contaminantes que afectan directamente a la salud. Y, sin embargo, nuestras ciudades siguen pensadas para los vehículos, no para las personas. Calles colapsadas, aceras estrechas, aire sucio, ruido permanente. Ciudades que enferman. Ciudades que asfixian.

Transformar este modelo implica mucho más que cambiar coches de gasolina por eléctricos. Hay que reducir drásticamente el uso del coche privado, sobre todo en entornos urbanos. Y eso solo se consigue si se hace atractiva, rápida, segura y eficiente la alternativa. Es decir: transporte público de calidad, puntual, accesible y asequible. Red de autobuses eléctricos, tranvías modernos, trenes de cercanías con frecuencia suficiente. Un sistema interconectado que permita ir de un punto a otro sin depender del coche.

Pero no basta con el transporte público. Hace falta diseñar ciudades que se puedan recorrer a pie o en bicicleta. Infraestructuras seguras, bien iluminadas, con carriles bici protegidos. El miedo a ser atropellado no puede seguir siendo el principal obstáculo para moverse sin motor. Hay que devolver el espacio público a la gente. Menos carriles para coches, más plazas, parques, calles peatonales.

La estructura urbana también debe repensarse. Ciudades más compactas, donde los servicios esenciales estén cerca. Donde no haga falta recorrer kilómetros para ir a la escuela, al médico o al supermercado. Apostar por el modelo de ciudad de 15 minutos: todo lo que necesitas, a un cuarto de hora caminando o en bici. Esto no es solo cuestión de comodidad; es resiliencia frente al cambio climático. Menos desplazamientos significan menos emisiones.

Y no olvidemos las olas de calor. Las ciudades actuales, llenas de asfalto, vidrio y hormigón, se convierten en hornos durante los veranos. Hay que rediseñar el espacio urbano pensando en el clima que viene: zonas de sombra, arbolado, fuentes, materiales que no acumulen calor. Un urbanismo que enfríe en lugar de recalentar.

En zonas rurales, el reto es otro. Allí, más que limitar el coche, hay que garantizar alternativas viables. Un buen sistema de transporte público, incluso a demanda. Mejores infraestructuras digitales que permitan el teletrabajo. Acceso a servicios básicos sin necesidad de recorrer decenas de kilómetros. Vivir sin coche en un pueblo no debería ser un acto heroico.

Además, hay que tener el valor de hablar de los temas que casi nunca se tocan: los vuelos baratos, los cruceros turísticos, la paquetería exprés. No podemos seguir volando como si el planeta no tuviera límites. Un solo vuelo transoceánico genera más CO_2 que un año entero de transporte urbano para muchas personas. Y, sin embargo, sigue siendo más barato ir a París en avión que en tren. ¿Cómo puede ser eso compatible con la lucha climática?

Las grandes ciudades tienen una responsabilidad especial. Porque concentran la mayor parte de las emisiones del transporte, pero también porque son el escaparate del cambio posible. Barcelona, París, Ámsterdam, Copenhague, Oslo... han comenzado a transformar su modelo. Han cerrado calles al tráfico, limitado la circulación de coches contaminantes, ampliado los carriles bici, apostado por zonas de bajas emisiones. Pero aún queda muchísimo por hacer.

La movilidad no puede seguir basada en la lógica del vehículo individual. Debe basarse en la eficiencia, la sostenibilidad y el bien común. Un coche parado ocupa espacio. Un autobús lleno mueve decenas de personas con menos impacto. Una bici no contamina, no hace ruido, no congestiona. La ecuación es simple.

La lucha contra el cambio climático pasa necesariamente por las ciudades. Son el frente principal de batalla. Y ahí, la movilidad y el urbanismo no son cuestiones secundarias: son el núcleo del problema y, al mismo tiempo, de la solución. Cambiar cómo nos movemos es cambiar cómo vivimos. Y no hay tiempo que perder.

Acciones individuales con impacto colectivo

A veces, frente a la magnitud del problema climático, uno puede sentirse insignificante. ¿Qué sentido tiene apagar la luz, usar menos el coche o reciclar, si hay industrias que contaminan millones de veces más? ¿Qué puede hacer una sola persona contra un sistema que parece diseñado para destruir el planeta?

Pero esa es precisamente la trampa. El discurso de que "nada depende de ti" no es inocente. Es una forma de perpetuar la inacción. Porque aunque es cierto que los gobiernos y las grandes empresas tienen la mayor responsabilidad, nuestras decisiones individuales también cuentan. No por sí solas, sino por su efecto multiplicador.

Cada acción, cada hábito, cada elección que hacemos a diario tiene un impacto. Comer menos carne, por ejemplo, reduce la demanda de ganadería intensiva, una de las principales emisoras de metano. Usar transporte público o ir en bicicleta baja las emisiones del sector más contaminante en ciudades. Apostar por productos locales y de temporada evita miles de kilómetros de transporte innecesario. Reducir el consumo de plástico disminuye la presión sobre ecosistemas ya saturados de residuos.

Pero el verdadero poder de estas acciones no está solo en la cifra de CO_2 que dejamos de emitir. Está en el mensaje que lanzan. En el ejemplo que dan. En la presión que ejercen. Cuando miles de personas cambian sus hábitos, las empresas toman nota. Cuando millones lo hacen, los gobiernos no pueden ignorarlo. La historia reciente está llena de cambios impulsados desde abajo.

Por eso, hablar del poder de la acción individual no es un llamamiento al sacrificio solitario, sino a la acción consciente y coordinada. No se trata de vivir con culpa, ni de aspirar a una pureza ambiental imposible. Se trata de actuar con coherencia. De entender que nuestras elecciones diarias —lo que compramos, lo que comemos, cómo nos movemos, a quién votamos— configuran el mundo en el que vivimos.

Y hay mucho que podemos hacer. Aquí van algunos ejemplos concretos:

- **Reducir el consumo de carne y lácteos**, especialmente de origen industrial. No es necesario ser vegano, pero sí es fundamental repensar nuestra dieta. La ganadería intensiva es una de las grandes responsables del calentamiento global.
- **Priorizar el transporte sostenible**: caminar, ir en bici, usar

transporte público. Compartir coche. Reducir al mínimo los vuelos. La movilidad debe dejar de ser sinónimo de combustión.

- **Apostar por la eficiencia energética en casa**: cambiar bombillas por LED, aislar bien la vivienda, usar electrodomésticos eficientes, aprovechar la luz natural. Y, si es posible, generar tu propia energía a través del autoconsumo solar.
- **Consumir menos y mejor**: rechazar el consumo compulsivo, evitar el fast fashion, reparar antes que desechar, comprar a productores locales, exigir transparencia y sostenibilidad en las marcas.
- **Reducir el uso de plásticos de un solo uso**: llevar tu propia bolsa, botella reutilizable, envases. Evitar envoltorios innecesarios. Apoyar el comercio sin plásticos.
- **Ahorrar agua y recursos**: duchas más cortas, regar en las horas adecuadas, evitar el despilfarro. Porque todo suma.
- **Informarse, conversar, implicarse**: leer, debatir, asistir a charlas, compartir contenido riguroso en redes. La conciencia colectiva nace de la información.
- **Exigir a los políticos medidas climáticas reales**: votar con conciencia ecológica, firmar peticiones, participar en protestas. La presión social funciona.

Lo importante es no caer en la parálisis. Cada paso cuenta. Cada gesto suma. Porque cuando muchas personas cambian, el sistema cambia. La acción individual es la semilla del cambio colectivo. Y en un momento en que el reloj climático corre en nuestra contra, necesitamos plantar esas semillas cuanto antes.

Capítulo 8. Esperanza y activismo climático

Este capítulo pone el foco en lo que sí funciona, en lo que ya está cambiando. Porque el cambio climático no solo es desgracia; también ha despertado respuestas colectivas, creatividad, resistencia y soluciones reales. Hay razones para sentirnos esperanzados. Las siguientes páginas traen ejemplos concretos de cambio, protagonismo joven, proyectos educativos y presión ciudadana que demuestran que la transformación es posible... y está ocurriendo.

Ejemplos de éxito

En distintos rincones del planeta, incluso con recursos limitados, comunidades han demostrado que la transición ecológica no es solo viable sino rentable, justa y resiliente. En Costa Rica, por ejemplo, se logró mantener durante años un modelo energético 100 % renovable aprovechando geotermia, hidroeléctrica, solar y eólica. Esa experiencia ha permitido reducir drásticamente las emisiones nacionales y establecer un modelo que otros países replican.

En España, ciudades como Sevilla o Málaga ya funcionan con energías renovables en un alto porcentaje, impulsadas por comunidades energéticas locales que instalan placas solares en edificios y compensan consumo. Colectivos vecinales en Cataluña o Madrid gestionan cooperativas que venden energía asequible a sus miembros. Este modelo no solo reduce emisiones, sino que democratiza la producción energética.

En Dinamarca, el municipio de Samsø demostró cómo una isla puede ser la primera del mundo en autoabastecerse completamente con renovables.

A base de eólica, solar e inversiones comunitarias, transformó su economía local, creó empleo verde y redujo la dependencia del exterior.

Además, proyectos de agricultura regenerativa en países como México, Australia o Francia han revertido la desertificación, recuperado suelos y aumentado rendimientos. Comunidades indígenas han liderado esa reconexión con la tierra, demostrando que otro modelo alimentario es posible. Y lo han hecho combinando tecnología con saber ancestral.

En América Latina, movimientos que demandan justicia climática han logrado que gobiernos reconozcan derechos ambientales. La marcha de mujeres indígenas en Ecuador inspiró cambios en la legislación, limitando la explotación minera en zonas protegidas. En Europa, la presión ciudadana logró que ciertos fondos públicos no financien prácticas contaminantes, e impide proyectos como nuevas líneas de gas mientras cada vez más personas se oponen.

Estas experiencias demuestran que no estamos ante una utopía. Hay victorias reales. Y muchas veces empiezan por iniciativas pequeñas que se multiplican. Un pueblo que instala paneles solares puede inspirar a otro. Un colegio que planta un huerto ecológico puede contagiar a toda una región. La esperanza también se construye con ejemplos que contagian.

Jóvenes y movimientos sociales

Los jóvenes son hoy la punta de lanza del activismo climático. No hablan solo por ellos: hablan por el futuro. Movimientos como *Fridays for Future* surgieron en 2018 en Suecia y rápidamente se extendieron por todo el mundo. Cada viernes, millones de estudiantes se levantan para exigir acción. No piden nada más que lo que les corresponde: respirar, vivir normal y tener un planeta en el que crecer.

Todo empezó con una sola persona: Greta Thunberg. En agosto de 2018, con solo 15 años, decidió sentarse cada viernes frente al Parlamento sueco con una pancarta que decía: "Skolstrejk för klimatet" (huelga escolar por el clima). Lo que parecía un gesto simbólico se convirtió en un movimiento internacional. Su determinación, su claridad y su manera directa de hablar a los poderosos (sin miedo, sin rodeos) inspiraron a millones de jóvenes. En poco tiempo, *Fridays for Future* se expandió por decenas de países y logró que el cambio climático estuviera en la agenda política global.

Greta ha hablado en foros internacionales como la ONU, el Parlamento Europeo o el Foro de Davos, donde ha lanzado mensajes que incomodan pero que son necesarios. Ha acusado a líderes mundiales de mirar hacia otro lado, de prometer sin actuar, de robar el futuro a las generaciones jóvenes. Su frase "How dare you?" (¿Cómo se atreven?) ya forma parte de la historia del activismo contemporáneo. Pero más allá de su figura, lo importante es lo que ha generado: una red de acción juvenil sin precedentes.

En España, el 8 de marzo de 2019 marcaría un punto clave: jóvenes estudiantes se declararon en huelga por el clima. La protesta alcanzó miles de municipios. Lo impresionante no es solo la cantidad, sino el mensaje: hartazgo ante la inacción, demanda de justicia, reclamación de futuro. Y no fue una moda pasajera. Un año después, miles mantuvieron marchas, debates, encierros.

También florecen movimientos como *Extinction Rebellion*, que apuestan por la desobediencia civil pacífica y creativa. Protestan en instituciones, interrumpen actos públicos, llaman la atención con humor y talento —como performances públicas— para exigir medidas concretas. En 2023 consiguieron que Madrid aprobara sus planes de adaptación urbana más ambiciosos.

Hay jóvenes activistas que han conseguido que instituciones públicas modifiquen los planes de estudios, que ciudades dejen de construir obras inútiles o que empresas cambien su política interna. Jóvenes que plantan árboles, limpian playas, colaboran en huertos comunitarios, organizan festivales climáticos.

Importante también es el rol de colectivos como Ecologistas en Acción, Greenpeace, Oxfam o Avaaz. No siempre son jóvenes, pero han aprendido a integrar su experiencia con la energía de la base. Han impulsado litigios ambientales, demandas públicas por planes nacionales de clima insuficientes, auditorías ciudadanas. Todo eso mantiene la presión constante sobre gobiernos y empresas.

Este activismo tiene su lado pedagógico: no solo protesta, también educa. Realizan talleres en colegios, ciclopaseos, conferencias abiertas, redes formativas locales. Es un activismo que no solo reclama, también construye conciencia. Y esa es su fuerza.

El papel de la educación y la presión ciudadana

La educación es el cimiento de cualquier cambio real. No basta con que se implore conciencia individual: hay que enseñar, formar, sensibilizar desde etapas tempranas. Eso implica incluir el cambio climático en el currículo escolar como asignatura fundamental, no como módulo opcional; capacitar a profesorado; fomentar proyectos escolares que conecten la teoría con la experiencia local: huertos, reciclaje, clima, biodiversidad.

Desde infantil hasta educación secundaria, integrar metodologías activas: debates, proyectos, trabajo comunitario. Que los niños no aprendan sobre el cambio climático como abstracción futura, sino como realidad presente que afecta a su hogar. Y que actúen en consecuencia: plantar un árbol, medir emisiones escolares, organizar jornadas de movilidad sostenible por la ciudad.

En la universidad, la presión ciudadana ha logrado que muchas instituciones universitarias adopten planes de descarbonización, de movilidad, de alimentación sostenible, de reducción de residuos.

Estudiantes universitarios han instado a las instituciones a no invertir en combustibles fósiles, a cancelar cursos financiados por petroleras, a publicar sus huella de carbono.

La presión ciudadana es clave. Cada firma, cada carta a un alcalde, cada protesta pacífica abre brecha. Los ayuntamientos —desde los barrios— pueden aprobar zonas de bajas emisiones, políticas locales de autoconsumo, planes de movilidad, itinerarios ciclistas. Municipios han aprobado moratorias al uso de plásticos, impuesto sobre residuos, bonificaciones a escuelas verdes.

A nivel nacional, cuando la sociedad presiona de forma conjunta, los cambios empiezan a ocurrir: leyes climáticas, transición energética, impuestos al CO_2, subsidios a renovables. Es la suma de miles de voces lo que cambia los cálculos políticos.

También se ven ejemplos de presión ciudadana internacional que han ganado casos contra estados. Ecuador, Pakistán y otros han tenido resoluciones judiciales que ordenan límites a la deforestación o protecciones ambientales vinculantes. Fallos que marcan precedentes para otros países del mundo.

En definitiva, la esperanza no está en una teoría abstracta. Está en las personas que actúan. En lo que ya se ha logrado. En la interacción entre educación, organización y protesta. En la idea simple de que, si muchos hacen un poco, algo cambiará. Y si todos hacemos mucho, cambiaremos el mundo. Y es posible. Porque ya está ocurriendo.

El activismo juvenil no es solo una respuesta a la crisis climática: es también una exigencia moral desde una perspectiva intergeneracional. Las decisiones que se tomen hoy determinarán cómo será el mundo dentro de veinte, treinta o cincuenta años. Y quienes vivirán en ese mundo no son quienes están gobernando ahora, ni quienes dirigen las grandes corporaciones. Son los niños y niñas que hoy van al colegio, los jóvenes que están empezando sus vidas.

Esta dimensión intergeneracional plantea una pregunta incómoda: ¿tenemos derecho a dejarles un planeta más deteriorado del que recibimos? ¿No deberíamos, al menos, garantizar que puedan vivir con seguridad climática, con acceso al agua, a la alimentación, a un entorno habitable?

La juventud lo ha entendido. Por eso no solo se moviliza, sino que exige que se escuche su voz en los espacios de decisión. El futuro no puede diseñarse sin quienes lo van a habitar.

Incluir esta mirada es clave para entender que la lucha contra el cambio climático no es solo una cuestión científica o técnica, sino también de justicia y de derechos humanos. Y que aplazar las soluciones no solo es irresponsable: es profundamente injusto.

Conclusión

El tiempo es ahora

Hay una verdad incómoda que nos cuesta asumir: no queda margen para aplazar más la acción. Durante décadas, los informes científicos nos han advertido. Nos dijeron que el planeta se calentaba, que las emisiones crecían, que el hielo se derretía, que las especies desaparecían. Y no hicimos nada. O hicimos demasiado poco. Siempre parecía que había tiempo. Que se podía esperar. Que ya vendrían otros a resolverlo. Pero ya no.

El científico Johan Rockström lo resume con claridad: estamos en la década decisiva. No dentro de diez años. No en 2050. Ahora. Esta es la última oportunidad para evitar que el cambio climático se descontrole por completo. No se trata solo de reducir emisiones: se trata de evitar lo que la comunidad científica llama *puntos de no retorno*.

Son umbrales críticos del sistema climático que, una vez superados, provocan cambios irreversibles. El deshielo de Groenlandia. El colapso del Amazonas. El deshielo del permafrost que liberaría millones de toneladas de metano. Si cruzamos esos límites, no habrá marcha atrás, por mucho que dejemos de emitir después.

Lo más inquietante es que algunos de esos puntos están ya al borde. No es una teoría, es una alerta confirmada por los datos. Las temperaturas aumentan más rápido de lo previsto. Las emisiones siguen creciendo. Y, mientras tanto, las decisiones se aplazan.

Pero también existen *puntos de inflexión positivos*. Momentos clave que pueden acelerar el cambio hacia un modelo más limpio y justo. Si apostamos por las energías renovables, si electrificamos el transporte, si transformamos la agricultura, podemos provocar una reacción en cadena, pero en la dirección correcta.

Todo depende de lo que hagamos hoy. No dentro de cinco años. No cuando el desastre sea inevitable. Ahora.

Ahora es el momento porque ya estamos viendo las consecuencias. No se trata de una predicción futura. Es el presente. Es el aumento de las temperaturas extremas. Son los incendios de sexta generación, los ciclones en zonas donde antes no existían, las olas de calor mortales, las cosechas arruinadas por la sequía o las inundaciones. Es el aire que respiramos, los precios de los alimentos que suben por los eventos climáticos, los millones de personas desplazadas. Ya está ocurriendo. Y va a más.

Ahora es el momento porque el reloj climático no es como otros relojes. No espera. No se detiene. Cada año que pasa sin actuar con contundencia, el problema se agrava. Las emisiones acumuladas se quedan en la atmósfera durante siglos. Cada tonelada de CO_2 emitida hoy tendrá consecuencias dentro de veinte, treinta o cincuenta años. El clima funciona con retraso, pero no perdona. Lo que no frenemos hoy, lo pagarán las próximas generaciones sin poder evitarlo.

Ahora es el momento porque, si esperamos más, algunas soluciones dejarán de ser posibles. No todo se puede arreglar después. Hay puntos de no retorno: umbrales a partir de los cuales ciertos procesos ya no se pueden revertir. Si desaparecen los glaciares, si colapsa la selva amazónica, si se libera el metano del permafrost, si se mueren los arrecifes de coral, ya no habrá marcha atrás. No se puede reconstruir lo perdido. Solo quedará adaptarse al desastre.

Ahora es el momento porque aún tenemos herramientas. Aún estamos a tiempo de evitar lo peor. Aún se pueden tomar decisiones que reduzcan el impacto. Aún existen tecnologías limpias, formas sostenibles de vivir, propuestas políticas, soluciones científicas. Pero cada año que pasa sin aplicarlas reduce su efectividad. Y aumenta el coste humano, económico y ecológico del retraso.

Ahora es el momento porque estamos en una década decisiva. La comunidad científica ha sido clara: si no reducimos las emisiones a la mitad antes de 2030, será prácticamente imposible cumplir con el límite de 1,5 °C de calentamiento. Y si superamos ese umbral, las consecuencias se dispararán. No será un cambio gradual. Será una sucesión de crisis concatenadas: colapso de ecosistemas, hambrunas, migraciones masivas, conflictos sociales, impactos económicos brutales.

Ahora es el momento porque no hacerlo es una forma de rendición. Esperar es elegir el colapso por omisión. Es cruzarse de brazos mientras el agua sube. Es fingir que no pasa nada porque nos incomoda pensar en lo que sí pasa. Pero fingir no cambia la realidad. Y cada día de inacción es un día más que perdemos.

Ahora es el momento porque el cambio aún es posible. Porque si empezamos ya, no partimos de cero. Ya hay millones de personas empujando en todo el mundo. Hay comunidades que han demostrado que otro modelo es viable. Hay ciudades que han reducido emisiones. Hay jóvenes que no se resignan. Hay tecnologías que ya funcionan. Solo falta voluntad. Coraje. Decisión.

Postergar es traicionar el futuro. Es una elección. Y es una irresponsabilidad.

El tiempo es ahora. Porque mañana será tarde. Porque pasado puede ser irreversible. Porque no tenemos otro planeta. Y porque no hay excusas que valgan.

Una llamada a la acción

No estamos ante una amenaza futura. Estamos en medio de ella. El cambio climático no es una película apocalíptica, no es una advertencia lejana ni un debate ideológico. Es una realidad que ya está aquí. Que ya afecta a nuestra salud, a nuestra economía, a nuestra forma de vida. Que golpea primero a los más vulnerables, pero que tarde o temprano nos alcanza a todos.

A lo largo de estas páginas hemos visto los datos, los efectos, las causas, las mentiras, las oportunidades. Sabemos lo que está pasando. Sabemos lo que lo está provocando. Sabemos qué medidas habría que tomar. No hay duda. Solo falta lo más importante: la voluntad. La voluntad de actuar. De cambiar. De asumir que no tenemos más margen.

El cambio climático es un desafío sin precedentes, pero también una oportunidad única para replantear cómo vivimos, qué producimos, qué comemos, cómo nos movemos, qué modelo queremos dejar a quienes vengan después. Podemos quedarnos quietos, viendo cómo todo empeora, o podemos hacer lo que se espera de una generación adulta: actuar con responsabilidad, con valentía y con visión.

No todo depende de los individuos. No todo se soluciona reciclando o apagando luces. Pero todo empieza por una decisión personal: no resignarse. No mirar hacia otro lado. No callarse. No dejar que nos anestesien con excusas.

Podemos presionar a nuestros gobiernos. Podemos exigir políticas valientes. Podemos apoyar empresas que apuestan por lo sostenible. Podemos votar pensando en el futuro, no en el descuento inmediato. Podemos hablar, explicar, convencer. Porque el cambio empieza cuando dejamos de pensar que alguien más lo hará por nosotros.

No es una opción esperar. No hay tiempo para eso.

La urgencia de lo posible

NO, NO TENEMOS OTRO PLANETA

Puede parecer abrumador. Y lo es. Pero no imposible. Lo urgente no tiene que ser sinónimo de lo inalcanzable. No se trata de salvar el planeta como si fuera una hazaña épica, sino de proteger las condiciones mínimas para que la vida siga siendo posible y digna.

Ya existen tecnologías limpias. Ya hay modelos urbanos sostenibles. Ya hay proyectos agrícolas regenerativos, economías circulares, comunidades energéticas. Ya sabemos lo que funciona. Lo que falta es extenderlo. Multiplicarlo. Hacerlo accesible.

La urgencia no debe paralizarnos. Al contrario, debe impulsarnos. Porque todavía estamos a tiempo. No de evitar todo el daño, porque parte ya está hecho. Pero sí de evitar lo peor. De limitar el sufrimiento. De asegurar un futuro vivible. Y eso ya es muchísimo.

Nadie va a venir a rescatarnos. El mundo no va a cambiar solo. Hay que hacerlo cambiar. Desde los gobiernos, sí. Pero también desde los barrios, los pueblos, las casas, las escuelas, las redes, los medios. Desde nosotros.

La historia se está escribiendo ahora. No mañana. Y nosotros decidimos si seremos los que actuaron a tiempo o los que lo dejaron pasar todo. Porque no hay un planeta B. Y tampoco hay un segundo intento.

El tiempo es ahora.

Bibliografía y recursos recomendados

Artículos y sitios web

1. **IPCC – Informe de síntesis 2023 (Resumen para responsables políticos)**
   Fuente principal de referencia científica sobre el cambio climático, con datos clave sobre emisiones, riesgos y soluciones.
2. **World Resources Institute – Claves del informe del IPCC**
   Explicación accesible de los principales hallazgos del IPCC y por qué es urgente actuar ahora.
3. **UNFCCC – Qué es el IPCC y por qué importa**
   Sitio oficial de la ONU con un resumen claro del papel del IPCC y su relevancia política.
4. **Verificat.cat – ¿Por qué los informes del IPCC son fiables?**
   Análisis sobre el rigor metodológico del IPCC y la desinformación climática.
5. **Yale Climate Connections – 10 documentales imprescindibles sobre el cambio climático**
   Selección actualizada de documentales recomendados, con explicaciones breves y accesibles.

Documentales y vídeos

1. **The Tipping Points of Climate Change – Johan Rockström (YouTube)**[1]
   Explica los puntos de inflexión que podrían desencadenar cambios irreversibles en el planeta.
2. **Before the Flood (National Geographic / DiCaprio)**

1. https://www.youtube.com/watch?v=Vl6VhCAeEfQ

Documental que recorre el mundo mostrando los impactos reales del cambio climático.

3. **Breaking Boundaries: The Science of Our Planet (Attenborough & Rockström)**
   Un retrato visual impactante de cómo estamos superando los límites planetarios seguros.
4. **Everything You Need to Know About the Climate Crisis - 60 Minutes (YouTube)**[2]
   Reportaje que resume con claridad los hechos esenciales del cambio climático y sus consecuencias.

2. https://www.youtube.com/watch?v=WGgDw9I9mr0

Don't miss out!

Visit the website below and you can sign up to receive emails whenever Marcelo Ungarit publishes a new book. There's no charge and no obligation.

https://books2read.com/r/B-A-GAOJE-TAQUG

BOOKS 2 READ

Connecting independent readers to independent writers.

Did you love *No, no tenemos otro planeta*? Then you should read *Todo lo que callan sobre la ultraderecha*[3] by Marcelo Ungarit!

[4]

La ultraderecha ya no se esconde. Ocupa escaños, gobierna ciudades, marca agenda. Lo hace con discursos sencillos, apelando al miedo, al odio y a una identidad nacional fabricada. Y cada día gana terreno.

Este libro es una advertencia clara y documentada. No desde el alarmismo, sino desde el análisis. ¿Cómo actúan estos movimientos? ¿Qué herramientas utilizan para manipular? ¿Por qué avanzan incluso en democracias consolidadas? ¿Qué papel juegan las redes, los bulos, el populismo o el descrédito de la educación?

A través de ejemplos reales, casos concretos y un lenguaje accesible, **Marcelo Ungarit** revela las claves del fenómeno que amenaza derechos,

---

3. https://books2read.com/u/3kzy8L

4. https://books2read.com/u/3kzy8L

libertades y convivencia. Un libro necesario para entender lo que está pasando y no mirar hacia otro lado.

Also by Marcelo Ungarit

Todo lo que callan sobre la ultraderecha
What they don't tell you about the Far Right
No, no tenemos otro planeta

www.ingramcontent.com/pod-product-compliance
Lightning Source LLC
LaVergne TN
LVHW060302051026
849517LV00003B/928